작은 과학 마을
대덕의 반란

대한민국의 내일을 바꾸다

작은 과학 마을
대덕의 반란

강진원 지음

INNOPOLIS
DAEDEOK

비즈니스
BOOK

추천사

대덕연구개발특구의 역사, 그리고 사람들의 이야기

메마른 황무지에서 시작한 대덕연구개발특구는 어느덧 세계가 주목하는 대한민국 과학의 중심지로 발전하였습니다. 저자는 1973년 한국표준과학연구원의 입주부터 국내 기술로 이루어 낸 누리호 발사까지 대덕연구개발특구의 장대한 여정을 차근차근 그려 냈습니다.

또한, 이 책은 세계적인 과학기술 성과와 그 안에서 살아 숨 쉬는 사람들의 이야기를 다루었습니다. 성과 뒤에서 미래를 꿈꾸며 묵묵히 일해 온 연구원들을 조망하면서, 그들이 행해 온 노력과 따뜻함을 말합니다. 세상을 변화하게 만든 신기술, 그 과정의 노력과 고뇌를 통해 대덕연구개발특구가 단순히 기술 자체를 목적으로 하는 곳이 아닌, 보다 나은 세상을 만드는 곳이라는 것을 다시 한번 일깨워 줍니다.

현재 대덕연구개발특구는 세계적인 성과, 우수한 인력, 다양한 인프라 등 외적으로 보이는 모습으로만 알려져 있습니다. 이제는 연구개발특구 구성원 간 협업을 통해 대한민국과 인류가 당면한 복잡하고 어려운 문제들을 해결하고 새로운 길을 찾아 주어야 할 시점이라고 생각합니다.

그리고 이러한 길은 서로의 소통이 전제되어야 합니다.

　저자의 노력을 통해 대덕연구개발특구 내 소통과 협력이 활성화되고, 대전시민, 더 나아가 대한민국 국민들이 대덕연구개발특구와 과학에 대한 이해를 넓히는 기회가 되길 기원합니다.

연구개발특구진흥재단 이사장 **강병삼**

대덕특구 연구원들의 가슴 뜨거운 이야기

　한국표준과학연구원은 대덕연구개발특구에 처음으로 둥지를 튼 기관이다. 도로도 변변치 않았던 시절, 모든 것이 부족했던 시절, 과학자들은 사명감과 열정으로 연구에 몰두했다. 선진국 국가측정표준기관들은 100여 년의 역사를 자랑하지만 이제 불혹을 넘어 지천명을 바라보는 한국표준과학연구원은 세계 5위 수준의 능력을 자랑하고 있다. 우리 연구원은 측정표준을 통해 중화학공업, 반도체, 조선, 항공 자동차 등 우리나라의 주력 산업 제품의 품질을 국제적 수준으로 향상시켜 국가 산업 경쟁력을 높이는 데 중요한 역할을 수행해 왔다.

　표준연과 함께 대덕연구개발특구에서 함께 성장해 온 정부출연기관들이 지난 50여 년간 이룩한 연구 성과는 경제 발전의 큰 버팀목이 되었다. 중요한 시점마다 과학기술은 우리나라에 중요한 이정표를 세워 주었고, 대한민국이 나아가야 할 방향을 제시해 주었다. 정부출연연구기관을 통해 국가적인 기초 기술이 축적되어 왔고, 연구 인프라 또한 세계적인 수준으로 성장해 왔다고 해도 과언이 아니다.

전 세계적으로 신냉전(New cold war)이라고 칭할 수 있을 만큼 각 나라가 자국의 국제적 위상 확보와 국익 증진 추구를 위해 힘을 쏟고 있다. 특히 우리나라는 미중 패권 싸움에서 지정학적 위치로 인해 일방적인 선택을 강요받고 있다. 이러한 상황 속에서 첨단 과학기술 분야의 선도 기술 확보는 더욱 중요해지고 있다.

과학기술이 국가 존립과 발전에 중대한 영향을 미치는 바로 이러한 시기에 대덕연구개발특구의 지난 50년간 중요한 순간들을 정리한 책이 나온다는 소식을 듣고 매우 기뻤다. 이 책을 읽는 독자들이 과학기술이 우리의 삶과 밀접한 관계가 있음을 알게 되기를, 그리고 우리나라의 과학기술 발전을 통해 가슴이 뜨거워지는 경험을 할 수 있게 되길 소망해 본다. 또한, 대덕연구개발특구인들에게 자부심과 긍지를 심어 줄 수 있길 기대한다.

한국표준과학연구원장 박현민

발로 뛰며 만난 과학자들의 이야기

/

중국 북경 중관촌, 프랑스 소피아 앙티폴리스, 미국 실리콘밸리 그리고 대한민국 대덕연구개발특구의 공통점은 각 국가의 미래 먹거리를 위해 만들어진 연구단지라는 점이다. 1973년, 대덕연구단지 기본계획 수립 이후 카이스트와 출연연 등 우리나라 과학기술 및 ICT 분야 핵심 교육 연구기관이 모여 지난 50여 년간 대한민국의 내일을 준비하며 연구실의 불을 밝혀 왔다. 그동안 대덕연구단지가 궁금한 독자에게 매우 반가운 책이라고 할 수 있다.

『작은 과학 마을 대덕의 반란(대한민국의 내일을 바꾸다)』을 통해 50년간 대덕연구단지에서 이루어 낸 기적들이 주마등처럼 지나간다. 이 책을 접하는 모든 분들이 우리나라 과학자들이 어떠한 일을 했는지 생생하게 느낄 수 있을 것이라고 본다.

강진원 국장은 대전에서 발로 뛰면서 만난 대전 과학자들의 이야기를 재밌고 쉽게 풀어 가고 있다. 원자력, 슈퍼컴퓨터, 세계표준, 우주개발, 에너지 등 생소한 분야부터, 생활 속 작은 혁명 옥시크린, 불스원샷 등의 친숙한 발명품들까지 소개한다. 코로나19 위기, 기후변화, 경제적 양극화 등 과학기술 전략이 더욱 중요한 시대가 되었다. 한국 경제 발전에 크게 기여한 과학자들의 성과를 다시 한번 살펴볼 수 있는 기회가 될 것이다.

대전시 유성구 국회의원 **이상민**

농촌 마을 대덕의 이유 있는 변신

/

중국의 중관촌(中關村), 여의도 면적의 50배가량 되는 곳이 있다. 이곳의 공식 명칭은 '북경시 신기술 산업 개발시험구'로 중국의 첨단 IT 기업단지로 유명하다. 중관촌은 중국 정부가 1980년 미국 실리콘밸리(Silicon Valley)를 모델로 의욕적으로 개발한 곳인데 1988년 국가 최초로 '국가첨단산업개발구'로 지정했다.

중관촌은 우리에게도 아주 익숙한 '바이두'와 '샤오미', '레노버' 등 중국을 대표하는 첨단 기업들이 대부분 시작된 곳이다. 구글 지사 등 수많은 글로벌 기업 역시 중관촌에 진출해 있다. 중관촌에는 현재 첨단 기업 2만여 개가 모여 있는데 세계를 선도하는 미국을 향해 도전하는 중국 과학기술 연구의 핵심이다.

중관촌이 연구개발을 하는 곳이다 보니 주변에는 북경대와 칭화대 등 명문 대학들도 많다. 창업을 꿈꾸는 젊은이들로 연일 북새통이다. 또 세계의 여행자들은 자연스럽게 관광을 위해 또 중국 과학기술을 벤치마킹하기 위해 중관촌을 찾고 있다.

프랑스 세계적인 휴양지 니스 인근, 남부권 코트다쥐르주에는 소피아 앙티폴리스(Sophia Antipolis)가 있다. 지혜의 신 '소피아'와 전원도시라는 뜻을 가진 '앙티폴리스'의 합성어다. 소피아 앙티폴리스는 1972년 국가의 균형 발전을 꾀하고 과학기술을 발전시키기 위해 만들어진 곳이다. 프랑스의 중요 과학 개발연구소와 대학, 컴퓨터와 통신, 로봇 등 첨단 기업들이 몰려 있고 미국과 유럽의 대기업들도 다수 둥지를 틀고 있다. 세계적인 기업들과 국가연구소가 함께 하다 보니 소피아 앙티폴리스는 프랑스의 미래를 여는 과학 개발 연구의 1번지로 통하고 있다. 도시의 환경도 주목을 받고 있는데 60%가량은 녹지대이고 건물 높이도 5층을 넘지 않도록 제한한다. 그만큼 이곳에 있는 연구자들과 기업인들의 생활 만족도는 아주 높다.

더 이상 말이 필요 없는 미국 실리콘밸리(Silicon Valley), 중국 중관촌, 대만 신죽공업과학원구(新竹工業科學園區), 프랑스 소피아 앙티폴리스의 공통점은 국가 백년대계를 위한 과학 연구와 개발의 중심지란 것이다. 이 같은 테마형 연구 개발 집적단지를 통해 오늘의 미국과 프랑스, 중국이 탄생했다.

전 세계를 놀라게 한 대한민국의 고속 경제 성장의 배경에도 중심이 있다. 바로 대덕연구개발특구(Innopolis Daedeok)다. 지리적으로 대전시 유성구 어은동과 신성동, 대덕구 문평동 등 대전 유성구와 대덕구에 걸친 농촌 마을이었고 지금은 불이 꺼지지 않는 최첨단 연구개발기지다. 이곳에서 젊은 과학자와 엔지니어들이 국가의 내일을 이끌고 있다. 국가와 민간연구소들이 연구 개발을 통해 미래 발전 기술을 제시하고 기업들은 기술을 산업화해 먹거리를 만들어 간다.

대덕연구개발특구는 소도시 규모지만 풍경이 좀 특이하다. 거리를 걷다 보면 마치 유럽에 온 듯한 이색적인 느낌이 든다. 누가 봐도 딱 알 수 있게 생긴 연구소들이 도로변에 즐비하고 눈 돌리면 바로 여기저기 숲

이 들어올 만큼 작은 숲과 공원 등 녹지도 풍부하다는 것이다. 대덕연구개발특구는 대한민국 과학의 메카 또는 심장이라고 불린다.

1973년 박정희 전 대통령 지시로 건설된 대덕연구개발특구는 1호 입주기관인 표준연구소를 필두로 정부출연연구소들이 물밀듯 들어오기 시작했다. 허허벌판에서 시작한 연구소들은 40여 년 만에 특구를 가득 채웠고 획기적인 연구 개발 성과로 대한민국 국가 발전의 첨병이 됐다.

휴먼 로봇 '휴보'의 고향인 카이스트는 우리 연구전문 대학 수준을 세계로 끌어올렸다. 한국원자력연구원은 대한민국을 원자력 대국으로 만들었고 한국전자통신연구원은 통신 분야의 진화를 거듭하다 5G 시대를 여는 주역이 됐다. 한국항공우주연구원은 모든 종류의 지구관측인공위성을 제작하더니 달탐사에 도전 중이며 한국생명공학연구원은 질병 없는 세상을 꿈꾸고 있다.

그리고 국제과학비즈니스벨트라는 역사상 최대 과학 프로젝트도 진행 중인데 스위스의 CERN연구소에 필적할 최대 규모의 가속기를 건설하고 있다. 그리고 'Beyond oil'을 대비한 한국의 인공태양, KSTAR 건설도 목전에 와 있다.

그런가 하면 누구나 다 아는 광고 문구 '빨래 끝~'을 외치게 한 옥시크린, 엔진 첨가물 '불스원샷' 같은 생활 속 혁명을 가져온 수많은 연구개발품도 대덕에서 완성됐다.

대덕에는 과학연구기관들이 단지 모여 있다는 데 의미가 있지 않다. 연구원들 사이의 융복합을 통해 이런 놀라운 성과들이 탄생한 것이다.

2022년 현재 대덕특구에는 기계연구원과 에너지기술연구원 등 정부출연연구기관 26개와 국공립연구기관이 13개, 카이스트, 충남대 등 대학 7개가 있다. 여기에 LG와 삼성 등 국내 대기업의 많은 민간연구소가 있고 2천여 개의 IT, BT 기업들은 연구 개발과 기술 상품화를 위해 밤에도 불을 밝히고 있다.

작은 과학 마을 대덕의 반란

이 책은 대한민국의 새로운 부(富)를 만들고 미래를 열어 가는 곳, 대덕연구개발특구에 관한 이야기다. 한 작은 농촌 마을이 어떻게 우리나라의 과학 메카가 되었는지, 그 시작부터 그들이 세상을 바꾼 기술과 바꾸고 있는 기술, 그리고 미래상을 말하고 있다. 대덕특구에서 탄생한 '세계 최초'라는 수식어를 가진 그 많은 성과를 모두 담지 못하는 것이 안타깝기만 하다.

세계 8대 경제 강국으로 성장한 대한민국, 이제 우리는 자부심을 가져도 된다. 그리고 매일매일 기적을 만들어 가는 대덕특구의 불이 꺼지지 않는 한 우리는 더 큰 미래를 꿈꿀 수 있다.

내일의 문을 여는 대덕연구개발특구에서

대덕특구전경

차례

4장 ──────────────── **대덕의 과학 백배 즐기기**

1장

오지에서 과학 메카로
성장한 대덕연구개발특구

황무지 같았던 땅에 이뤄 낸 기적 같은 시간과 노력은
오늘의 대한민국 과학을 이끌어 가고 있다.

✦ 허허벌판에 이룬 기적

　대덕연구개발특구(이하 대덕특구)가 없는 대한민국의 오늘을 감히 상상조차 할 수 있을까? 대덕특구가 벌써 설립 50주년(2023년)을 맞고 있다. 한국과학기술의 메카가 어느덧 중년에 접어든 것이다.

대덕연구학원 도시건설 기본계획 1973, 박정희 전 대통령 해양연구소 부지 방문 1976

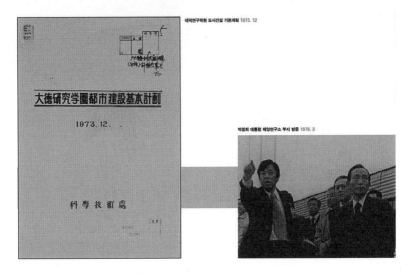

출처- 연구개발특구본부

　　"최박사, 이곳은 명당 중 명당이오. 건설부 장관과 함께 헬기를
　　타고 돌아보시오."

　1973년 1월 17일, 당시 최형섭 과학기술처 장관이 박정희 전 대통령 연두순시 때 홍릉연구단지를 넘어서는 제2연구단지 건설계획을 업무보고에 담아 놓은 것이 대덕특구의 시발점이다. 박 전 대통령은 청와대 집

무실을 찾은 최장관에게 지도를 가리키며 "최박사, 이곳은 명당 중 명당이오. 건설부 장관과 함께 헬기를 타고 돌아보시오"라고 지시를 내렸다고 전해진다.

청와대 직접 지휘로 급진전… 권력 바뀌며 부침도

청와대는 1976년 4월 대덕연구단지 건설에 대한 직접 지휘에 나섰다. 오원철 당시 청와대 경제2수석비서관은 "대통령이 연구단지 건설 현장을 방문했다가 과기처가 진척을 많이 못 시킨 데다 '이것도 안 된다. 저것도 안 된다'고 보고하자 화를 내며 '오 수석 당신이 하시오'라고 했다"고 말했다.

청와대가 대덕단지 건설을 주도하면서 사업이 속도를 냈다. 1978년 3월 황량하던 연구단지에 한국표준과학연구소가 처음 입주한 뒤 다른 연구기관들이 속속 자리를 잡았다.

한국표준연구소 기공식 1976

출처- 연구개발특구본부

그러나 권력의 이동에 따라 희비는 엇갈렸다. 대덕연구단지 설립자인 박 전 대통령이 1979년 서거하자 연구단지는 된서리를 맞았다. 신군부는 국방과학연구소를 폐쇄하려 했다. 1979년 박정희 전 대통령 서거 뒤 한국 과학계에 한파가 몰아친다. 정치적인 혼란기에서 과학기술정책 자체가 흔들리기 시작했고 결국 연구비 삭감으로 이어졌다. 대덕연구단지는 사실상 개점휴업 상태에 직면했다. 연구소 전체가 존폐 위기를 맞은 것이다. 1980년대 말 16개 연구소를 8개 대단위 연구소로 통폐합했다.

국가적인 상황도 마찬가지였다. 미국은 전술핵 무기 철수를 시작으로 미군 1개 사단을 철수시켰다. 미국 카터 대통령의 한반도 정책은 한국의 안보에 치명타를 줄 수 있는 것이었다. 그러나 1981년 1월 카터 대통령이 물러나고 레이건 대통령이 취임하면서 상황이 호전됐다. 또 1982년 일본에서는 나카소네 수상이 취임하면서 우리나라는 일본으로부터 40억 달러 차관 도입을 성사시킬 수 있었다.

이후 계획은 급물살을 탔고 2,770만m² 규모의 대덕연구단지(현 대덕연구개발특구)가 조성되기 시작했다. 국가 경제의 근간이 살아나면서 대덕연구단지도 활기를 되찾게 된다. 이후 과학기술이 국가 전체의 산업 생태계를 뒷받침하는 핵심축으로 성장하면서 대덕연구단지는 한국 경제의 든든한 버팀목으로 자리매김했다. IT 산업의 폭발적인 성장과 원자력 자립을 통한 산업기반 확충 등 한국 경제 도약의 기반이 모두 대덕연구단지에서 마련됐다.

대덕연구단지가 처음 조성될 당시 대덕은 전체 1,280가구의 80% 이상이 농업에 종사하는 시골 농촌 마을이었다. 50년 가까운 세월을 맞은 지금의 모습으로는 상상도 할 수 없는 허허벌판의 땅이 이룬 기적 같은 일인 것이다.

작은 과학 마을 대덕의 반란

완성 단계의 연구단지 1992

출처- 연구개발특구본부

　당시 '연구교육단지 건설을 위한 마스터플랜'에는 선박, 기계, 석유화
학, 전자 등 전략산업기술연구기관을 단계적으로 설립할 것과 서울에
산재해 있는 국공립연구기관을 한곳에 집결시켜 연구 기능을 극대화 시
키자는 내용이 담겨 있었다. 그리고 세계적인 과학두뇌도시 건설이라는
분명한 목표가 있었다.

　그리고 이 보고서는 당시 연구단지 조성 필요성에 대해 몇 가지 이유
를 정확히 내세웠다. 우선 중화학공업의 기술 지원을 위해 조선 설계, 금
형 설계·제작 기술, 주물 기술, 정밀기계 설계·제작 기술 등 4대 전략
산업의 기술별로 전문화된 연구기관 신설이 필요하다는 것이다.

　여기엔 연구기관을 한곳에 집중시켜 연구원 및 기술 정보의 상호교류
를 위한 지적 공동체를 형성하고 서울에 집중된 국립시험연구기관을 연
구단지로 집결시켜 연구 능률화를 도모하며 시설의 공동 활용과 투자
효율화를 이끌어 내겠다는 전략이 있었다.

1) 입주 1호는 한국표준과학연구원

1978년 대덕의 명당에 자리 잡게 된 영광의 주인공은 한국표준과학연구원(당시 한국표준연구소)이었다. 마치 운동장에서 '기준'을 중심으로 대오를 갖추듯 과학과 산업, 생활의 '표준의 표준'을 잡아 주는 표준연구소를 중심으로 연구소들이 자리 잡았다. 대전시 유성구 도룡동 1번지에 위치한 입주 1호 연구소가 된 것이다.

한국표준연구소 기공식 1976

출처- 연구개발특구본부

한국표준연구소는 62만m²의 부지에 본관, 연구동, 중앙기계실 등 1만 9400m² 규모의 연구소를 준공했다. 해외에서 15명의 과학자를 유치하는 등 28명의 석박사를 비롯해 203명의 인원으로 연구소는 대덕에서의 새로운 시작을 열었다.

이후 대덕연구단지에는 출연연구기관의 입주가 가속화됐다. 1980

~1990년대 출연연과 함께 쌍용중앙연구소 등 민간 기업연구소까지 가세하면서 자연스레 과학기술의 메카라는 이름이 붙게 됐다. 그리고 국가 과학교육과 홍보의 중심인 국립중앙과학관이 1992년 11월 준공됐다.

2) 월, 화, 수, 목, 금, 금, 금… 휴가는 사치

1970년대 말부터 1980년대 초까지 대덕연구단지 연구원들에게는 주말이 없었다. 요즘 말하는 월, 화, 수, 목, 금, 금, 금… 이 이어지는 나날이었다. 그러니 당연히 휴가는 상상조차 할 수 없는 일이었다. 인력 부족으로 한 사람이 두 사람 몫을 해내며 주당 80시간 이상씩 연구에 매달려야 했다.

박정희 전 대통령 연구단지 방문 1979

출처- 연구개발특구본부

여름엔 선풍기 하나로 더위와 싸워야 했고, 겨울에는 변변한 난로조차 없는 연구실에서 시린 손발을 비벼 가며 밤을 새우기 일쑤였다. 추위를 견뎌 내면서도 연구장비를 마련할 비용이 없어 장비가 해야 할 일을 연구원들의 손발이 대신해야만 했다. 연구를 하는 곳에서 불안정한 전력 공급으로 정전이 잦았고, 전압도 일정치 않아 연구 도중에 데이터를 유실하는 일이 허다했다.

연구원들의 연구 환경만 문제가 아니었다. 연구원과 그 가족들이 겪어야 하는 주거와 환경문제도 개선이 시급했다. 당시 대덕은 일부 논과 밭이 있었을 뿐 대부분은 개간되지 않은 황무지였으며 건물이라곤 찾아볼 수 없었다. 때문에 기러기 생활을 하는 것은 기본이고, 가족이 함께 온 경우 가족은 대전에서 생활하면서 왕복 두 시간이 넘는 출퇴근 시간을 감내해야만 했다.

하지만 초기의 열악한 환경과 박정희 대통령 서거 이후 과학기술계에 불어닥친 한파 속에서도 연구원들의 눈빛은 언제나 날카로웠고 뜨거운 열정은 식을 줄 몰랐다. 대한민국 과학기술 자립에 대한 열망은 그 어느 것도 그들을 막을 수 없었다.

<u>그들은 과연, 어떻게 살았을까?</u>

대덕연구단지가 설립되던 1973년 당시 대덕연구단지의 생활 기반 및 기술적 인프라 조성 정도는 매우 미약했다. 정부의 파격적인 지원에도 불구하고 성장통은 있었다. 초기 대덕연구단지에선 좀처럼 활기를 찾아볼 수 없었다. 주택단지가 살아나지 않았고 가족을 서울에 남겨 둔 연구원들은 주말마다 철새처럼 생활해야 했다.

1979년 이후 지속된 연구비 동결과 맞물려 연구원들이 대덕연구단지 입주를 거부했다. 이미 과학자들의 마음이 대덕연구단지에서 떠난 상황인 데다 연구단지엔 교육시설뿐만 아니라 의료시설, 교통 인프라가 구

작은 과학 마을 대덕의 반란

축되지 않아 가족과 함께 생활하기에는 적합하지 않았다.

연구단지 내 주택단지를 건설한 산업기지개발공사(현 수자원공사)는 기다리다 못해 1983년 1월 주택단지를 민간 분양으로 전환하기로 했다. 상황의 심각성을 파악한 정부는 연구소마다 주택단지를 구입하도록 했고 우여곡절 끝에 서서히 연구원들의 정착이 이뤄지기 시작했다. 하지만 연구단지 조성 초기에는 인근 대전시와는 격리된 고립된 섬 같은 단지여서 연구원과 대전시민 간에 교류도 거의 없었을뿐더러 대전시민이 바라보는 연구단지는 전혀 다른 별개의 생활권이었다. 그뿐만 아니라 자녀 교육 등의 실질적인 문제가 연구단지의 입주를 꺼리게 하기도 했다. 이런 불편을 감내하면서도 그들은 대한민국 과학 발전을 위해 기꺼이 희생을 마다치 않은 것이다.

3) 청계천을 누빈 과학자들

대덕연구단지 성공 비결의 핵심은 무엇이었을까? 연구단지를 만드는 과정에서 '연구단지를 어떻게 최고의 두뇌로 채울까'에 대한 고민이 깊어졌다. 정부는 한국인 해외 과학자 유치에서 해답을 찾았다. 열악한 국내 연구 환경 때문에 유학 후 귀국하지 않고 해외에서 활동하고 있는 우수 과학자들이 그 대상이었다. 1962~1972년 당시 미국 유학생 중 한국인의 미(未)귀국률은 62.62%로 조사대상 25개국 가운데 가장 높은 실정이었다.

그 당시만 해도 저작권 개념이 없었기 때문에 우수 과학자 1명을 유치하는 것은 그의 연구 성과는 물론 선진 연구 시스템을 통째로 가져오는 것을 의미했다. 그뿐만 아니라 국가적인 난제로 떠오른 우수 두뇌 해외 유출 문제도 해결할 수 있는 일거양득의 계획이었다.

정부는 보수를 해외 현지의 4분의 1 수준이지만 국내 국립대 정교수의 2~3배(월 6만~9만 원)를 주는 파격 조건을 제시하고 한국에는 없던 의료보험을 미국 보험회사와 계약해 제공했다. 당시 국립대 교수들의 보수가 너무 높다는 반발이 있었다. 이 소식을 전해 들은 박 전 대통령은 예상봉급표를 확인한 뒤 "나보다 봉급이 많은 사람들이 수두룩하군. 이대로 시행하시오"라고 했다고 전해진다. 당시 박 전 대통령의 급여는 7만 8천 원이었다. 여기에다 연구 환경의 안정성이 보장될지, 가난하고 권위적인 한국 사회에 적응할지 불안해하던 유치 대상 과학자들에게 전화를 걸거나 친서를 보내 귀국을 독려했다고 한다.

미국 아이오와대에서 박사 후 연구원으로 지내다 1979년 귀국해 핵연료개발공단에 근무한 장인순 전 원자력연구원장의 회고를 빌리면 근무 환경은 열악했지만, 조국의 과학과 경제 발전에 기여한다는 긍지로 주당 80시간 이상 일했다고 한다.

> 연구소는 장비가 거의 갖춰져 있지 않았어요. 장비와 부품을 다른 연구소에서 빌려 쓰다가 서울 청계천으로 눈을 돌렸죠. '청계천에서는 비행기나 탱크 조립도 가능하다'는 말 그대로 당시 공구 상가가 밀집해 있던 청계천에는 연구를 위한 재료가 많았죠.

그들은 청계천을 누비며 연구 재료를 직접 구하고 밤샘을 마다하지 않으며 그렇게 대한민국 과학의 초석을 다졌다.

4) 착수 20년 만에 이룬 기적

1973년 시작된 대덕연구단지는 정권 교체로 인한 정책 변화에 따라 여러 차례 수정을 거치며 지연되다가 1992년 11월 27일에 준공되었다. 착수 20년 만에 이룬 기적이었다. 15개 정부출연연구기관과 8개의 민간 연구소, 대학 등을 포함한 33개의 연구기관이 입주해 우리나라의 과학기술 발전을 선도하는 연구개발의 요람으로 상전벽해를 이룬 것이다.

이후 2005년 7월 연구개발특구법이 발효됨에 따라 지금의 대덕연구개발특구로 자리 잡았으며 어느새 명실상부 대한민국 과학기술 선진화의 산실로 위치를 굳혔다.

그렇게 대덕밸리(2000년), 대덕연구개발특구(2005년)로 명칭을 바꾼 대덕연구단지에는 2011년 말 정부출연연구기관 30개, 공공기관(투자기관) 11개, 국공립기관 14개, 비영리기관 33개, 교육기관 5개, 기업 1,306개 등 모두 1,399개의 기관이 들어서 지금에 이르고 있다.

✦ 과학 대한민국… 숨은 영웅 '1호 과학자'

1970년대 과학 입국을 꿈꾼 대한민국 정부는 대전에 대덕연구단지를 만들어 과학기술을 발전시키고자 했다. 하지만 그건 높고 멋진 건물을 짓고 좋은 장비를 들여놓는다고 해서 되는 일은 아니었다. 하드웨어는 어떻게든 돈을 투자하면 확보하겠지만, 문제는 소프트웨어, 한국의 과학 두뇌를 만드는 것이었다. 그것도 척박한 땅에서 아무것도 없는 시기에 우수한 연구 인력을 확보하는 건 가장 중요하지만 가장 어려운 과제이기도 했다. 물론 우수한 역량은 국내 과학계도 갖고 있었다. 핵심은 세계의 흐름이었다. 한참 앞서 있는 세계를 따라잡기 위해 한국 정부가 택한 것은 해외에서 활약하고 있는 우수한 한인 과학자를 불러오는 것이었다. 그들에게 대한민국 과학 발전을 맡기기 위해서다. 그러나 한국전쟁이 끝나고 혼란을 겨우 지난 시기, 먹고사는 문제를 이제 막 해결한 시점에 힘들게 떠난 미국, 유럽을 버리고 고국으로 올 과학자들을 찾는 것은 정말 기대하기 쉽지 않은 일이었다. 그러나 의외였다. 그들은 돌아왔다. 이제 시작하는 대한민국의 영광을 위해 화려하게 보장된 미래를 포기하고 척박한 고국을 찾은 것이다.

1) 한국원자력의 대부 장인순 박사

우리나라에서 원자력 발전이 시작된 건 1978년 고리 1호기가 처음 가동되면서부터다. 그러나 이미 알려진 대로 고리 1호기는 미국의 '웨스팅하우스'라는 업체가 설계부터 기기 제작, 설치까지 모든 것을 담당하는 턴키(Turnkey) 방식으로 수행된 프로젝트다. 한마디로 우리가 이러이러하게 만들어 달라고 주문을 해 완제품을 수입한 것으로 우리의 역할은 크게 없었다. 에너지 빈국을 탈피하는 수단으로 한국형 원자력 발전이 유일한 대안이었지만 우리 기술진의 당시 수준으로 할 수 있는 건 아무것도 없었던 것이다. 그도 그럴 것이 당시 원자력 발전소를 온전히 만들수 있는 나라는 미국과 러시아, 프랑스 정도에 불과했다.

설계부터 제작, 검증까지 우리가 책임지는 '메이드 인 코리아(Made in Korea)'가 그저 꿈이었던 시절, 박정희 전 대통령은 해외에서 활약하고 있는 한국인 과학자들을 다시 고국을 위해 일하도록 불러 모으는 '재외한국 과학자 유치 프로그램'을 지시했다. 그리고 그때 미래 한국원자력의 대부가 될 장인순 박사가 등장한다.

장 박사는 지난 1940년 전남 여수에서 태어나 캐나다 웨스턴온타리오 대학교에서 이학박사를, 미국 아이오와 대학교에서 화학박사 학위를 취득하고 연구원으로 활동하다 박정희의 부름을 받았다. 한국 정부의 유치 콜을 받은 그는 그 길로 잘 나가던 미국 연구원의 길을 과감히 포기하면서 한국행 비행기에 올랐다. 그게 1979년, 그의 나이 39살이다. 대덕연구단지에서 평생 원자력의 길을 걸어가게 한 첫걸음이었다.

작은 과학 마을 대덕의 반란

장인순 전 한국원자력연구원장

출처- 장인순 박사

그해 우리나라 정부는 월성 1호기 건설에 착수한다. 고리 1호기가 경수로형 원전이었던 반면 월성 1호기는 중수로형 원전이었는데 내용은 역시 원자력 선진국인 캐나다 기술로 건설하는 수입품이었다.

여기서 우리 원자력계의 첫 번째 프로젝트가 가동된다. 우리 기술로 생산한 핵연료를 월성 1호기에 사용하는 것이었다. 우리 연구팀은 캐나다에서 구입한 중수로 핵연료를 보고 차근차근 역설계를 시작했다. 완성품을 보고 일종의 복사본을 만드는 것인데 시제품 제작과 성능 실험을 마치고 드디어 1987년 연구팀은 월성 1호기에 국산 핵연료의 공급을 시작할 수 있었다. 이때 들어간 핵연료의 국산화를 위한 총 개발비가

89억 원이었다. 캐나다가 자국의 핵연료 개발에 투자한 6천억 원에 비하면 1.4%에 불과할 만큼 정말 기적 같은 성과였다. 여기서 유치 과학자 장인순은 멋지게 역할을 완수해 냈다. 이후 이것을 시발로 핵연료의 국산화가 정착됐다.

장인순 박사는 1979년 한국 땅을 밟은 이후 한국원자력 발전 분야의 심장부에 있었다. 한국원자력연구소에서 핵화공연구실장과 화공재료연구부장, 원자력연구개발단장으로 재직했고 1994년 연구소부소장을 거쳐 1999년 소장으로 임명돼 6년 동안 소장직을 수행했다. 그가 선후배, 동료 연구원과 함께 추진한 사업들은 이루 말할 수 없을 만큼 많다. 중동에 수출한 해수 담수용 일체형 원자로 개발, 양성자가속기 사업, 원자력을 이용한 수소 생산 기술 개발 등을 지휘했고 사업은 족족 성공했거나 성공을 위한 기틀을 마련했다. 또 2000년부터 IAEA 원자력에너지자문위원으로 경력을 이어 오면서 한국 원전의 이름을 높였다. 과거 원자력 불모지였던 한국이 세계의 대국으로 발돋움하는 계기를 만든 절대적 인물이 바로 장인순 박사였던 것이다.

장인순 전 한국원자력연구소장

출처- KAERI

연구원 조직 문화를 바꾼 장인순, 사비 털어 어린이도서관 건립

장인순 박사의 업적은 매우 많지만 역시 가장 큰 건 원전 개발에서 난제였던 핵연료의 국산화를 이룬 것이다. 장인순을 비롯한 연구 인력들

작은 과학 마을 대덕의 반란

은 핵연료의 국산화를 위해 하나로 모였고 '용광로와 같은 열정'으로 신화를 만들었다. 장박사는 1982년 한국원자력연구소의 자회사로 설립된 ㈜한국원자력연료에서 핵연료 국산화의 책임자로 사명을 다했고 이는 대한민국 원자력 기술 자립의 시발점이 됐다.

장인순 박사는 소장으로 재직하던 시절, 조직 문화와 직원 가치관 정립에도 남다른 결과를 남겼다. 해외 출장을 다녀오거나 명절 때 직원 상호 간에 선물을 주고받는 행위를 금지시켰고 연구원들이 음주운전으로 적발되는 경우 가차 없이 징계를 줬던 것도 유명하다. 또 연구소 입구 언덕에 대형 태극기를 설치해 국민들의 시선을 의식하도록 했는가 하면 구내식당에는 'Atoms for the next Generation(후손을 위한 원자력)'이란 표어를 게시해 연구원들이 항상 마음가짐을 새롭게 하도록 했다.

또 힘든 원자력연구원으로서의 직을 던지고 퇴임한 후에는 지역 사회의 문화 발전과 올바른 길을 응원했다. 2016년에는 대덕연구단지 한복판에 있던 대덕과학문화센터를 당시 소유주였던 목원대학교가 민간 업체에 매각해 오피스텔로 개발하려고 하자 머리띠를 두르고 반대한 바 있다.

대덕특구 난개발 반대 포럼

출처- 대덕넷

장박사는 세종시 전의면에 시골 도서관을 자비로 개관했다. 전의마을 도서관이다. 자신이 저술한 『여든의 서재』의 인세로 구매한 도서 3천 권을 비롯해 본인이 소장하고 있던 책들과 사회 각계각층의 기부를 받아 1만여 권을 비치해 놓았다. 도서관의 운영 방식도 장 박사의 인생만큼 아주 특별하다. 시골 사람들이 쉽게 도서관을 찾을 수 있도록 지역 택시 회사와 협약을 맺고 근처 버스 정류장부터 도서관까지 왕복하는 택시비를 제공한다. 책도 정해진 대출 서식과 별도 기간 제한 없이 원하면 마음대로 빌려 읽도록 했다.

장 박사는 대전에서 세종 전의도서관으로 매일 출근하면서 하루 8시간 도서관에서 본인도 책을 읽은 다음 퇴근하는 일을 반복했다. 도서관에서 아이들에게 수학과 과학을 알기 쉽게 설명하고 글쓰기를 지도하는 등의 활동은 그의 몫이다. 과학의 대중화와 함께 아이들을 책의 세계로 인도하는 것은 그가 은퇴 후 늘 꿈꾸던 모습이었기 때문이다.

장인순 박사와 전의마을 도서관

출처- 애터미

작은 과학 마을 대덕의 반란

그가 전의면에 도서관을 세운 이유는 우연한 기회를 통해서였다. 전의면은 한국원자력연구원이 ㈜한국콜마와의 합작으로 1호 연구소 기업을 설립한 곳인데 이곳을 방문했다가 시골 아이들을 위한 도서관을 지으면 좋겠다고 생각했다고 한다. 1호 연구소 기업이란 인연이 있는 곳에서 은퇴 후 꿈꾸던 삶을 이뤄야겠다고 생각한 것이다. 참고로 한국원자력연구원이 원자력 기술을 바탕으로 한국콜마와 함께 개발한 면역개선제인 '헤모힘'은 폭발적인 인기를 얻고 있다.

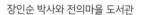

장인순 박사와 전의마을 도서관

출처- 애터미

여생을 시골 도서관에서 미래의 주인공인 아이들과 함께하고 싶었다는 원로 과학자 장인순 박사. 조국의 부름을 받아 한국원자력을 위해 평생을 바쳤고 팔순을 넘긴 나이에도 지역을 위해 애쓰는 그에게서 진정한 애국자의 길을 찾을 수 있다.

2) 『48년 후 이 아이는 우리나라 최초의 인공위성을 쏘아 올립니다』, 최순달 박사(1931~2014)

지난 1992년 8월 11일 오후 8시 8분 7초. 통제센터가 발사를 명령하자 남미 프랑스령 기아나 쿠루우주센터(CSG, Centre Spatial Guyanais)에서 지축을 뒤흔드는 폭발음이 울렸다. 프랑스 국적의 발사체인 아리안 5호 로켓(Arian V-52)이 화염을 내뿜으며 우주로 떠나는 순간이었다. 이 발사체 안에는 '어느 풋내기가 쏘아 올린 우주로의 거대한 꿈'이 실려 있었다. 대덕연구단지에서 꿈을 키운 대한민국 최초의 인공위성 우리별 1호가 그 주인공이었다.

발사 30분 뒤 로켓 3단이 분리되고 우리별 1호는 우리나라가 그토록 가고자 했던 우주 궤도에 올랐다. 인공위성의 무게는 48.6kg, 실험용 위성이라 크지 않았지만, 우주에 '대한민국'이란 이름을 올린 위대한 물체였다. 우주를 향한 첫걸음이 그렇게 내디뎌진 그날. 수많은 사람의 환희가 있었지만, 한편에는 비가 내리듯 평평 눈물을 흘린 이가 있었다. 그는 '대한민국 우주개발의 아버지' 최순달 박사였다.

우리별시리즈 인공위성 탄생의 주역인 최순달 박사는 카이스트 인공위성센터 초대 소장을 맡았던 인물이다. 당시 그는 발사 직후 쿠루우주센터 현장에서 한 미국인으로부터 축하 인사를 받았다. 최 박사는 당시 그가 누구인지 몰랐지만 물어볼 겨를도 없이 감격한 나머지 이런 말을 했다고 한다.

"고맙습니다. 지금 내 심정은 생애 처음으로 중고 자동차를 가지게 된 기분입니다. 어느 부자가 벤츠를 타다가 다른 벤츠를 더 사는 것보다 몇백 배 더 기쁘고 감격스럽습니다."

최박사를 축하해 준 사람은 나중에 알고 보니 세계를 주름잡고 있는 우주항공 기업인 미국 록히드마틴의 CEO였다. 최 박사가 말한 '부자'는 이미 수백 톤짜리 추력을 가진 로켓과 수십 톤 무게의 인공위성을 만드는 업체의 대표였고 본인은 '우리별 1호'라는 첫 중고차를 갖게 된 사람이었을 것이다. 당시 우주개발 후진국 한국에서 첫 인공위성을 탄생시킨 최 박사의 기쁨이 얼마나 컸는지 알 수 있다.

우리별 1호가 발사된 뒤 쿠루우주센터에서 환호하는 최순달 교수와 연구진

출처- 쎄트렉아이

최 박사는 서울대학교 전기공학과 졸업 후 미국으로 유학을 떠나 버클리 대학교에서 석사 학위를, 스탠퍼드 대학교에서 전기공학 박사 학위를 받았다. 이후 1969년 7월부터 1976년 1월까지 캘리포니아 공과대학 부설연구소로 미우주항공국 NASA의 핵심연구소였던 제트추진연구

소(JPL, Jet Propulsion Laboratory)에서 우주선통신장치 개발 책임자로 근무하다 역시 박정희 전 대통령의 지시를 받은 '유치 과학자'로 고국에 돌아왔다.

JPL이라는 나사의 중추연구소에서 근무하다 한국행을 택한 데 대해 미국 현지 과학계와 한국 교민 사회의 반응은 한결같았다고 한다. '자네 미쳤나?'라는 것이었다.

1976년 최 박사가 귀국해 처음 근무를 시작한 건 우리나라 최초 민간 연구소인 금성사 중앙연구소 초대 소장직이었다. 민간 기업이지만 정부로부터 유도 무기를 국산화하라는 지시를 받고 최 박사를 급히 호출한 것이었다. 이후 최 박사는 회전하는 기관총인 벌컨포에 들어가는 벌컨 레이더의 국산화에 성공했고 이에 고무된 정부는 현 전자통신연구원(ETRI)의 전신인 전기통신연구소 초대 소장에 그를 임명했다. 이후 한국이 ICT 세계 강국으로 발돋움하는 역사적인 개발의 시초라고 할 수 있는, 전전자식 교환기 시스템(TDX) 개발을 국내 최초이자 세계에서 10번째로 성공시켜 '1가구 1전화' 시대를 열었다.

최 박사가 평생의 업적 가운데 최고로 꼽는 우주개발의 꿈이 시작된 건 1985년 영재교육기관으로 대전 대덕연구단지에서 출범한 한국과학기술대학, 카이스트(KAIST) 초대 학장을 맡으면서부터다. 서울에 있던 석박사 과정생들을 모아 지금의 카이스트를 만든 그는 이후 체신부 장관과 한국과학재단 이사장 등을 역임했다.

여기서 과감하게 한국행을 선택했던 최박사의 두 번째 선택이 나왔다. 1989년 장관과 이사장 등 굵직한 직분을 마친 그는 인공위성연구센터(KAIST SaTRec)를 설립한 것이다. 미국과 (구)소련, 프랑스, 일본 등만이 가졌던 인공위성의 꿈을 그리기 시작한 것이다. 그러나 인공위성이란 용어조차 낯선 불모지에서 국내 개발은 거의 불가능에 가까웠다. 그래서 결정한 것이 국내 우주개발 유망주들을 유학 보내기로 한 것이다.

작은 과학 마을 대덕의 반란

그는 자비를 탈탈 털고 영국에 있는 친구의 도움을 받아 카이스트 졸업생들을 대거 영국 서리 대학교(University of Surrey)에 보냈다. 물론 우주 분야는 그때나 지금이나 미국이 가장 앞서 있다. 하지만 당시 미국은 기술을 주는 것을 원하지 않았고 당시 영국의 서리 대학교는 소형 인공위성 분야에서 우수한 기술을 갖고 있었던 만큼 최 박사로서는 최고의 선택지였다.

영국 서리 대학교에 최순달 박사 등 연구진 한국 방문

출처- 쎄트렉아이

이후 영국에 파견된 학생들과 국내 연구진이 서로 소통하고 협업해 우리별 1호를 만들었고 마침내 1992년 8월 11일 프랑스령 기아나 우주센터에서 한국 최초의 인공위성인 우리별 1호를 쏘아 올리는 데 성공했다. 선진국들에 비해 40여 년 늦게 시작했지만 1992년 한국 최초의 국적 위성인 우리별 1호에 이어, 1993년에 우리별 2호를, 1999년에 우리별

3호를 연거푸 성공적으로 발사시키는 쾌거를 올렸다. 이후 우리나라는 이를 토대로 인공위성 개발에 본격적으로 나서게 됐고 지금은 세계적으로 알아주는 위성 개발 능력을 갖추고 있다.

우리별 위성과 최순달 박사

출처- 쎄트렉아이

그의 세 번째 선택은 인공위성 벤처 기업인 '쎄트렉아이'의 창업이었다. 당시 정부는 국내의 우주개발 연구기관이 한국항공우주연구원(KARI)과 카이스트 인공위성센터 두 곳으로 나뉘어 있는 게 비효율이라고 생각했다. 그래서 카이스트연구원들을 항공우주연구원 소속으로 옮길 것을 요구했는데 당시 최 소장은 이를 받아들일 수 없었다. 그는 "그렇다면 우리가 직접 해 보자"고 나섰고 우리별 시리즈를 쏘아 올리며 기

작은 과학 마을 대덕의 반란

술력을 축적한 걸 바탕으로 당시 우리별 위성을 제작했던 제자들과 함께 쎄트렉아이(SI, Satrec Initiative)라는 벤처 기업을 창업한 것이다.

이후 쎄트렉아이는 말레이시아 정부에 200억 원 규모의 위성 라작샛을 제작해 넘겨 준 걸 비롯해 스페인과 두바이 등에 인공위성 완제품을 만들어 수출하는 성과를 올렸다. 인공위성 제작 기술을 영국의 한 대학에서 배웠던 우리의 젊은 연구진들과 물심양면으로 지원했던 최 박사의 열정이 대한민국을 인공위성 수출국으로 발돋움시킨 것이다. 1990년대 우주 후진국은 쎄트렉아이의 업적을 토대로 우주 선진국으로 서서히 진입하기 시작했다.

국내 최초의 인공위성 우리별을 만든 사람들

출처- 쎄트렉아이

「48년 후 이 아이는 우리나라 최초의 인공위성을 쏘아 올립니다」

아마 지금 나이 40을 넘긴 연령대라면 이런 정부 공익 광고를 기억할 것이다.

17년 후 이 아이는 스페인전의 승부차기를 막아 냅니다.

(축구선수 이운재)

15년 후 이 아이는 카라얀의 찬사를 받게 됩니다.

(소프라노 조수미)

48년 후 이 아이는 우리나라 최초의 인공위성을 쏘아 올립니다.

(우리별 위성 책임자 최순달 박사)

공익 광고, 『48년 후 이 아이는 우리나라 최초의 인공위성을 쏘아 올립니다』

출처- 국정홍보처

'우리나라 인공위성의 아버지' 최순달 박사는 2014년 10월 22일 세상을 떠났다. 그의 유해는 그가 인공위성을 개발하기 위해 그토록 많은 시간을 보내고 땀을 쏟아부었던 카이스트 인공위성센터를 돌아 국립현충

작은 과학 마을 대덕의 반란

원에 묻혔다. 그리고 하늘에 올라 영원히 '우리별'이 됐다.

3) 백곰 미사일을 개발한 홍용식 박사(1932~2022)

<u>국산 첫 탄도 미사일 '백곰'</u>

　1978년 9월 26일 충남 태안반도 국방과학연구소(ADD) 안흥시험장에서 국내 최초의 지대지 미사일 발사가 성공적으로 진행됐다. 1970년대 처음 개발된 지대지 미사일의 이름은 '백곰'이다. 당시 개발에 참여한 연구원들은 안흥에서 작은 컨테이너를 임시 사무실로 쓰며 비행시험에 박차를 가하고 있었는데, 마땅한 교통수단이 없어 도보로 이동하는 일이 잦았다. 그러던 중 눈이 많이 오던 어느 날 연구원들이 흰 눈을 뒤집어쓴 채 걸어가는 모습이 꼭 북극곰 같다고 해 '백곰' 미사일이라는 이름이 붙었다고 한다.

<u>1974년 박정희 전 대통령의 해외 과학자 유치로 귀국</u>

　1970년 당시 한국의 1인당 국민소득은 242달러에 불과했다. 북한은 740달러로 남한보다 3배가 넘는 시절이었다. 북한에는 패망한 일제가 버리고 떠난 수력발전소와 제철소·비료공장 등이 가동되고 있었다. 흥남 비료공장은 아시아 최대 질소 비료공장이었고, 압록강을 막은 수풍댐 역시 아시아 최대 규모였다.

　홍용식 박사는 6·25 전쟁 당시인 1951년 경기고등학교를 졸업하

항공기술연구원 부원장 시절의 홍용식 박사

출처- 중앙포토

고, 서울대학교 기계공학과에 입학했다. 전쟁 직후인 1955년 학부를 졸업한 그는 미국으로 건너가 오번 대학교를 거쳐 일리노이 대학교에서 기계공학 석사를, 워싱턴 대학교에서 기계공학 박사를 마쳤다. 이후 미국 보잉사의 연구원으로 일하던 중 그에게 소식이 들려왔다. 국가 방위를 위해 국산 무기 개발이 꼭 필요해 국가가 홍 박사를 부른다는 것이다.

그는 그 길로 심문택 국방과학연구소장과 함께 유럽의 방위 산업계와 연구소 등을 약 한 달간 시찰한 후 항공우주담당 부소장으로 부임하면서 1974년에 가족과 함께 귀국했다.

항우연 우주로켓의 씨를 뿌려 준 백곰 개발자들

1969년 미국은 '아시아 문제는 아시아인끼리'란 닉슨 독트린을 발표하고 베트남전에서 발을 빼기 시작했다. 1971년 경기 동두천에 있던 주한미군 제7사단도 철수했다. 당시 한국이 군인 5만 명을 베트남에 파병해 미국을 도왔지만, 미국은 한국의 반대를 무시하고 7사단 철수를 강행했다.

더 이상 미국을 믿을 수 없게 된 우리 정부는 자주국방에 나섰다. 군 전력 증강 사업인 '율곡 사업'을 시작하고 비밀리에 핵무기와 미사일 개발에 착수했다. 하지만 보안이 그 어느 때보다 절실한 상황이었다. 그 때문에 무기 개발은 보안을 위해 '위장 사업명'을 사용했다. 당시 1974년 미사일 개발 사업은 '항공공업계획'이란 사업명으로 대통령 재가를 받았다. 유도탄연구소는 '대전 기계창', 충남 태안에 있는 국방과학연구소 안흥 비행시험장은 '안흥 측후소'로 위장했다.

1978년 9월 26일 충남 안흥시험장에서 국내 최초의 지대지 미사일 백곰의 성공적인 발사 직후 박정희 전 대통령이 미사일 옆에서 국방과학연구소 관계자들로부터 기체 부분에 대한 설명을 듣고 있는 모습

출처- 전쟁기념관

또 한 번 위기는 찾아왔다. 1979년 9월 노재현 당시 국방부 장관이 존 위컴 주한미군사령관에게 보낸 서한에서 미국으로부터 탄도 미사일 개발 기술을 이전받는 대신 우리 군의 미사일 성능을 제한하는 내용을 보내온 것이다. 이것이 바로 한국과 미국이 체결한 탄도 미사일 개발 규제에 대한 지침으로, 1979년 박정희 대통령 집권 당시 미국으로부터 미사일 기술을 이전받기 위해 처음으로 합의된 '한미 미사일 지침'이었다.

최초 지침에선 우리나라가 개발하는 미사일의 사거리를 최대 180km, 탄두 중량을 최대 500kg으로 제한하도록 했었다. 이 같은 지침에 따라 우리 국방과학연구소가 개발한 국산 탄도 미사일 1호가 바로 '백곰(NHK-1)'이다. '백곰'은 미국제 지대공 미사일 MIM-14 '나이키 허큘리스(NH)'를 역설계해 만든 단거리 지대지 탄도 미사일로서 1970년대 초

반까지만 해도 미국 측에선 그 개발 사실을 몰랐던 것으로 알려져 있다.

> 귀국한 지 얼마 안 되어 국방과학연구소에 당시 김종필 총리가
> 방문했다. 그때 우리 연구소 간부 몇 명이 모인 사적인 자리에서
> 핵 개발에 성공하면 한 사람당 1억 원씩 주겠다고 웃으면서 말했
> 던 것을 기억한다.
>
> _홍용식 자서전, 『나는 그때 있었다』 중

　홍 교수가 개발에 참여했던 미사일은 1978년 9월 충남 안흥시험장에서 발사에 성공한 백곰 미사일이다. 현장에는 박정희 대통령이 직접 참관했으며, 사거리 200km를 날았다. 당시 세계 7번째 지대지 탄도 미사일 개발이었다. 해외에 있던 과학자가 본국이 가장 필요로 할 때 제대로 역할을 수행한 것이다.

　백곰 발사 뒤 주변 강대국들이 민감하게 반응했다. 백곰을 핵무기 운반체로 본 것이다. 당시 일본 〈아사히신문〉은 '핵 개발과 연관 있을 것'이라고 보도했고, (구)소련 국방부는 '남한의 핵 개발을 경고한다'는 성명을 발표하기도 했다. 당시 주한 미국 대사, 미국 정부 특사는 국방과학연구소를 찾아와 미사일 개발 중단을 요구하기도 했다.

　그렇게 '백곰'은 1978년 9월 첫 시험 발사에 성공했지만, 실전 배치까진 이르지 못했다. 1979년 10월 박 전 대통령 사망 뒤 전두환 전 대통령 정권이 출범하면서 백곰 사업을 백지화했기 때문이다. 이후 국방과학연구소 미사일 담당연구원 수도 대폭 감원됐다.

　하지만 1983년 10월 북한 공작원에 의한 버마(현 미얀마) '아웅산 묘소 폭파 테러' 사건이 터지자 전두환 정권은 다시 국산 미사일 개발 사업에 시동을 걸었고, 그 결과 탄생한 게 바로 '현무-1'이다. 백곰 미사일은 이후 연구가 이어져 오늘날 현무 미사일로 진화하는 단초가 됐다.

백곰 미사일 발사 장면

출처- 전쟁기념관

별이 되어 대한민국 과학을 그리다

이후 홍용식 박사는 1978~1992년 대한항공 항공기술연구소 부원장
으로 있으면서 항공기 개발에도 참여했다. 연구원들과 창공 1호와 2호,
3호 등 초경량 항공기를 독자 설계하고 개발했으며 나중에 이를 바탕으
로 실용 시제기인 창공-91호(5인승 경비행기)를 개발해 국내 최초로 교
통부의 형식증명을 취득했다. 1981~1983년에는 한국항공우주학회 회
장, 1990년 우주위성통신산업연구회장 등을 지내며 항공 기술 개발의
선두자의 길을 걸었다.

출처- 홍용식 교수 가족

그리고 2022년 1월 24일, 1970년대 첫 국산 탄도 미사일 개발에 관여한 한국 항공우주공학의 선구자인 홍용식 인하대 항공우주공학과 명예교수는 미국 워싱턴DC 자택에서 세상을 떠났다. 홍 교수 같은 해외 과학자들의 손때 하나하나에 대한민국 국방은 더욱 튼튼해졌고 오늘 같은 방산대국으로 이어졌다.

4) '해외유치 여성 과학자 1호' 정광화 전 연구원장
<u>최초라는 수식어가 가장 잘 어울리는 과학자</u>

모든 것에 '왜'라는 의문을 품었던 한 소녀가 있었다. 소녀에게는 자연현상부터 어른들이 시키는 일까지 예사로 보이는 게 없었다. 항상 가졌던 의문이 풀려야 수긍하고 행동으로 옮겼던 소녀. 그 소녀는 커서 물리

학을 공부하고 우리나라 대표 유치 과학자로 정부출연연구기관의 첫 여
성기관장 타이틀을 얻게 된다. 바로 정광화 박사의 이야기이다.

그녀의 전공은 물리학이다. 여고 시절부터 흥미를 가졌던 학문으로
별 망설임 없이 전공으로 택했다. 그렇게 서울대 물리학과를 졸업하고
유학길에 오른 그녀는 미국 피츠버그 대학에서 물리학 박사 학위를 취
득했다. 그 시기 정부는 과학 석학들의 귀국을 독려했고, 그녀는 자신이
배운 것을 국가를 위해 사용해 보고 싶어 귀국길에 올랐다. 당시의 정부
출연연구기관은 굉장히 좋은 직장이라 여겨지면서 여성 연구원들을 거
의 뽑지 않았던 상황이었다.

> "저는 운 좋게도 여성에 대한 편견이 없던 소장님을 만나 출연연
> 에서 일할 수 있었죠."
>
> _한 신문사 인터뷰 중

그렇게 1978년 한국표준연구원에서 근무를 시작한 것이 그녀와 출연
연과의 인연이다.

양질의 측정 능력은 과학 수준의 척도, 대한민국 질량 표준을 정립

정확한 측정은 산업 및 과학 분야에서 그 중요성이 더욱 커진다. 자동
차에 들어가는 수많은 부품의 크기는 정확해야 하고 나노 수준의 단위
에서 연구가 진행되는 곳에선 분자에 대한 정확한 측정이 필수다. 대기
속 미세먼지의 정도, 음식물에 포함돼 있는 독성 물질, 의료기기의 방사
능 수치 등의 위험성을 파악하는 경우에도 마찬가지다. 이처럼 정확한
측정을 위해 만든 과학적인 기준을 '측정표준'이라고 한다. 측정표준은
우리 일상생활에서부터 산업체 전반에 이르기까지 모든 분야에 활용된
다고 해도 과언이 아니다. 이런 측정 기준을 정립하는 데 공을 세운 이

가 바로 정광화 박사다.

> "질량의 정확한 측정 능력 없이는 과학의 발달을 기대할 수 없습
> 니다. 적게는 시장의 상품 거래·수출입, 크게는 항공우주 산업·방
> 위 산업·원자력·공해 측정·화학에 이르기까지 질량의 측정 능력
> 이 바로 성패의 열쇠를 쥐고 있다고 할까요?"
>
> _1981년 <중앙일보> 인터뷰 중

한국을 찾은 외국 과학자들에게 장비 소개를 하고 있는 젊은 시절의 정광화 원장박사

출처- 대한민국정책브리핑

1980년대 초반, 누구보다 자신의 연구에 자부심 강했던 정광화 박사
는 쉽게 말해 무게를 정확하게 알아내도록 하는 연구를 진행했다. 측정
기술과 과학의 발달은 서로 보완하며 발달해 가기 때문에 이 실험실 안
의 측정 능력이 바로 한국과학의 지표가 될 수 있다는 믿음이 있었기 때
문이다. 당시 한국표준연구소 설립 후 과업 하나가 표준의 확립과 유지
였는데 정광화 박사를 비롯한 연구원들은 이미 질량에 대한 표준을 확
립했다.

작은 과학 마을 대덕의 반란

'여성 1호'로서 걸어온 길

1978년 그녀가 표준연에서 근무를 시작할 때만 해도 여성 과학자는 손에 꼽을 정도였다. 당연히 여성 과학자에 대한 롤모델도 존재하지 않았다. 현재 우리 과학기술계에서 여성이 훌륭한 과학자로 성장하기 어려운 부분들이 많다지만, 과거보다는 여성 과학기술인이 제 목소리를 낼 수 있는 기회가 확대된 것도 사실이다.

오죽하면 처음 입사했던 시기엔 연구소로 걸려 오는 전화도 받지 않았다고 한다. 멋모르고 전화를 받으면 제 목소리 "여보세요" 한마디에 상대는 바로 반말을 툭툭 내뱉기 시작했기 때문이다. 또 여성은 지도력이 없다고 생각을 했다. 간부직 차례가 되었음에도 불구하고 자리가 돌아오지 않았다. 여성 과학자가 아니라 여성의 지위 자체를 논할 상황도 아니었던 1970~1980년대 정광화 박사는 여성 리더로 성장하기까지 무수히 많은 고비와 시행착오들을 겪어야 했다.

1993년 대한여성과학기술인회 창립총회

출처- 여성과학기술인지원센터

한국기초과학지원연구원장 시절 모습

출처- 문화체육관광부 국민소통실

2005년 그녀는 또 다른 도전을 이어 간다. 한국표준과학연구원 원장으로 출마한 것이다. 당시 사람들은 그녀의 가장 큰 약점으로 경영 경험이 부족하다는 걸 꼽았다. 여성이라는 장벽에 갇혀 경영 경험을 할 기회가 주어지지도 않았던 그녀에게는 씁쓸한 현실의 벽이었다. 하지만 그녀는 당당히 정부출연연구기관 설립 30년 역사 이래 최초의 여성기관장이라는 타이틀을 얻게 됐다.

이후 역대 대통령들의 과학기술 자문역할을 해내며 2008년 올해의 여성 과학자상을 수상하기도 하였으며 2013년 또다시 기초과학지원연구원 원장에 선임돼 2개 출연연 수장에 오르는 기록을 세웠다.

소문난 과학가족

왼쪽부터 첫째 딸, 정광화 원장, 정규수 박사, 정혜민 씨

출처- <헬로디디>

정광화 박사에게는 특별한 이력들이 따라다닌다. 그중 특이하게 불리는 수식어 하나는 대한민국의 소문난 과학가족이다. 정 박사의 남편은 미국에서 함께 박사 학위를 받고 해외 유치 과학자로 귀국한 정규수 박사다. 정규수 박사는 국방과학연구소(ADD) 출신으로 우리나라 '미사일의 대부'로 잘 알려져 있다.

그녀는 서울대 같은 학과 3년 선배인 정 박사와 미국에서 결혼했다. 그녀의 남편 역시 유능한 실력으로 박정희 전 대통령 시절 국방과학연구소장을 맡으라고 수차례 제안을 받았지만 거절한 뒤 보통 연구자의 위치에서 국내 미사일 연구에 평생을 바쳤다. 부장급 이상의 보직도 마다하고 오로지 연구에만 매진하고 있는 학자로 유명하다.

그녀의 딸 역시 과학계의 유명 인사다. 2006년 '연인의 잔'을 발명해 세계인의 시선을 모은 대학생. 바로 정혜민 씨다. 멀리 떨어져 살고 있는 연인들이 동시에 서로의 존재를 느끼게 해 주는 '연인의 잔'은 유학 중

인 세계 각국의 동료 학생들이 고국에 두고 온 연인을 그리워하는 것을 보고 "멀리 떨어져 있는 연인들이 어떻게 하면 커뮤니케이션을 더 잘할 수 있게 해 줄까" 고민한 끝에 개발하여 대한민국 과학기술 발전에 이바지하고 있다.

> 연인의 잔: 한쪽에서 잔을 집어 들면 다른 쪽 잔에도 부드러운 붉은 빛이 나고, 한 사람이 잔에 입을 대면 다른 사람의 잔에 밝은 흰빛이 나도록 돼 있어 상대방과 동시에 와인을 마시며 사랑을 확인할 수 있도록 고안

지금도 식지 않는 그녀의 열정

정 박사는 현재 과학기술과 경제사회 발전을 위한 연결 플랫폼의 역할을 자처하고 있다. 지금은 산업과 연구, 창업 분야, 지역 자치단체들을 상호 연결 교육을 통해 중간매개자로서의 역할을 수행하는 곳이 필요한 시점이다. 2020년 대한민국에도 이런 과학기술계를 연결하는 플랫폼, '과학기술 연결 플랫폼 사회적협동조합'이 출범했다.

조합의 시작은 2018년으로 거슬러 올라간다. 당시 함진호 ETRI 박사와 박애순 모두텍 부사장, 고영주 한국화학연구원 본부장, 이종인 한국원자력환경공단 전(前) 이사장은 매주 모임을 갖고 정부출연연구기관 고경력 연구자들의 역할과 이들을 위한 단체를 어떻게 구성할 것인가에 대하여 논의했다. 경험과 노하우를 나누며 과학발전에 이바지할 수 있는 공간을 마련하고자 했고, 여기에 정광화 박사가 뜻을 같이했다.

정광화 박사는 이 조합에서 이사장을 맡았다. 그녀의 포부는 남다르다. 모두가 부담 없이 참가해 자신이 가진 걸 나누고, 또 새로운 걸 얻어갈 수 있는 진정한 연결플랫폼으로 과학 발전에 한 역할을 하는 것이다. 과학을 향한 그녀의 열정엔 과연 끝이 있을까?

작은 과학 마을 대덕의 반란

2장

그들이 바꾼 세상,
그들이 만든 기적

대덕연구단지 연구원에는 매일매일 기적을 만드는 사람들이 있다.
그리고 그 기적을 통해 대한민국의 내일에 희망이 쓰여지고 있다.

✦ 통신의 진화, 그 안에 대덕이 있다

대한민국은 IT 분야에서는 세계에서 으뜸가는 국가다. 그리고 IT 강국으로 도약한 배경에 TDX, CDMA, DRAM, WiBro 등 한국전자통신연구원(ETRI, Electronics and Telecommunications Research Institute)의 연구 성과들이 있었다는 것에 누구나 고개를 끄덕일 것이다. 한국은 세계 10번째 TDX 개발을 시작으로 CDMA 세계 첫 상용화, 초고속인터넷망 구축 등으로 '정보통신강국'이란 신화를 창조했다. 그리고 정보통신의 새로운 산업 패러다임을 선도하고 있다. 이는 TDX 국산화를 시작한 지 40년이 채 되지 않은 시기 동안 일궈 낸 성과다. 자원이 부족하고 정보통신기술 불모지였던 이 땅에 희망을 피워 낸 사람들, 여기엔 대한민국 ETRI 과학자들이 있었다.

한국전자통신연구원 전경

출처- ETRI

작은 과학 마을 대덕의 반란

1) 1가구 1전화 시대를 열다. 전자교환기 TDX-1의 상용화

1970년대, 새로 전화를 신청하면 10년 이상 기다려야 한다는 계산이 나올 정도로 우리나라는 전화 적체가 심각했다. 때문에 정부는 외국산 기계식 교환기의 도입 대신 시분할 전자교환기(TDX)를 국내에서 개발하기로 결정한다. 이후 15년에 걸쳐 개발이 진행되었고, 1986년 가입자 1만 회선, 중계선 2천 회선 용량 규모의 전전자 교환기 TDX-1을 개발했다.

전화와 전화를 바로 연결해 주는 전전자 교환기 TDX

출처- ETRI

TDX: 대한민국이 1982년 세계에서 10번째로 개발에 성공한 한국형 전전자교환기(Digital Electronic Switching System)를 말한다. TDX-1X(최초 국산 교환기), TDX-1A(농어촌용), TDX-1B(중소도시형), TDX-10(대용량 교환기), TDX-10A(ISDN, PSTN 겸용 교환기) 등의 시리즈가 있다.

덕분에 우리나라의 통신은 새로운 전기를 맞았다. 미국, 일본, 프랑스 등에 이어 세계 10번째 디지털 전자교환기 자체 개발 및 생산국이 되었으며, 기계식 교환기와 아날로그 교환기의 제작 과정을 거치지 않고 곧바로 디지털 교환기를 개발·생산한 유일한 국가가 되었다. 그리고 막대한 수입대체 효과와 기술력 향상을 가져왔다.

그뿐만 아니라 경제 성장의 걸림돌이었던 만성적 전화 적체를 완전히 해소하고 우리나라에 1가구 1전화 시대를 열 수 있었다. TDX는 훗날 다중분할접속, 즉 CDMA(TDX-10MX)의 핵심 기술로 활용되어 이동통신 분야 선진국의 초석을 마련한 효자가 됐다.

2) 새로운 기술 CDMA와의 만남

1990년 11월, 이동통신 연구책임자의 미국 출장은 디지털 이동통신 시스템 개발 프로젝트의 전환점이 됐다. 1989년에 미국의 퀄컴사가 실시한 CDMA(Code-Division Multiple Access) 셀룰러 시스템에 관한 실험기록을 우연히 접하게 된 것이다.

CDMA는 가입자 용량 면에서 아날로그 방식의 10배, TDMA(시분할 다중접속) 방식의 3배 이상이었고, 음질 면에서도 TDMA 방식보다 뛰어난 신기술이었지만 아직 상용화되지 못했다는 것이 문제였다.

하지만 변함없는 사실은 CDMA가 무엇보다 새롭게 등장한 기술이란 것이었다. 또한 CDMA 방식으로 시스템을 개발할 경우, 선진국의 기술 종속을 벗어나 세계시장 진출을 실현시킬 수 있었기 때문에 ETRI 연구진은 정부와 학계, 산업계를 설득하기에 이른다. 그리고 결국 1991년 5월, 퀄컴사와 CDMA 기술 공동 개발계약을 체결했다.

CDMA 1 / CDMA 2

출처- ETRI

CDMA(Code Division Multiple Access) 코드분할 다중접속: 미국의 퀄컴(Qualcomm)사에서 개발한 확산대역 기술을 이용한 디지털 이동통신 방식으로 사용자가 시간과 주파수를 공유하면서 신호를 송수신하므로 기존 아날로그 방식(AMPS)보다 수용용량이 10배가 넘고 통화품질도 우수하다.

순탄치 않은 길을 가다

하지만 개발 과정은 순탄치 않았다. ETRI와 퀄컴 간의 교환 방식 선택에 관한 의견 차이가 발생하면서 상황은 더 악화됐다. 퀄컴은 패킷 교환 방식을, ETRI는 써킷 교환 방식을 주장했다.

당시 ETRI는 우리나라 교환망이 TDX를 기반으로 하고 있다는 사실을 고려한 결정이었다. 이처럼 CDMA 공동 개발 사업은 업체 선정 작업의 지연, 상용화 일정 단축, 교환 방식의 논란 등 우여곡절을 거치면서 계획한 상용화 시점도 불확실해졌다. 이렇게 지체만 할 수 있는 상황이 아니었다. 개발 기간의 단축을 위해 가능한 모든 수단을 동원했고, 결국 ETRI에서 주장한 타임스위치 방식으로 독자적 연구 개발을 추진했다.

퀄컴의 자료에 의존하지 않고, 하드웨어에 대한 회로도를 만들었을 뿐만 아니라 소프트웨어에서도 블록 설계서를 작성했다. 그렇게 최초로 만들어진 것이 'KSC(Korean Cellular System)-1'다. KSC-1 구조는 ETRI가 확보하고 있던 TDX-10 교환기에 이동시험 시스템을 결합한 것이었다. 이에 안주하지 않고 기능을 추가하며 재설계를 시도해 시제품 KCS-2를 제작했다. 그리고 1994년 4월 17일, KCS-2가 첫 통화를 성공적으로 터트렸다. 단말기와 시스템으로 전파를 통해 통화가 이루어진 최초의 이동통신 통화였다.

패킷 교환 방식: 당시 새롭게 등장한 ATM 교환기를 사용하는 기술
써킷 교환 방식: TDX 교환기를 바탕으로 ETRI가 일부 기능 변경
으로 개발이 가능한 기술

세계 최초 CDMA 상용화 성공

같은 해 5월, 한국 디지털 이동통신 시스템의 표준규격으로 CDMA가 선정됐다. 통신 기술 선진국이었던 미국도 2개월 후에 CDMA를 표준으로 제정해 상용 서비스에 박차를 가하기 시작했다. 1년 뒤, 1995년 6월, 세계는 작은 나라 대한민국에 주목했다. 코엑스에서 CDMA 상용시험통화 시연회가 개최됐기 때문이다. 국내 언론을 비롯한 외신들은 한국의 단기간 CDMA 상용화 성공을 전 세계에 알렸다.

CDMA 방식의 디지털 이동통신 시스템 개발 성공 후, 1996년부터 국산 시스템으로 서비스 상용화가 시작되면서 이동전화장비와 단말기 사업의 대외 의존도가 급격히 감소하기 시작했다. 또한, 세계 굴지의 통신 기업인 모토로라조차도 국내 중소기업을 인수해 CDMA 단말기를 국내에서 개발, 생산하기 시작했다. CDMA는 우리나라가 이동통신 수입국에서 수출국으로, 더 나아가 세계 최강국으로 거듭나는 데 포문을 열어 주었다. 여기에는 세계에 앞서 CDMA에 눈을 뜨고 또 강하게 밀어붙여 연구를 성공으로 이끈 ETRI의 힘이 숨겨져 있던 건 물론이다.

3) '와이브로' 이은 5G까지… ETRI, 세계 이동통신 주도

현대에는 우리나라는 물론 세계 웬만한 지역은 어딜 가나 와이파이 존이 없는 곳이 없을 정도로 자유롭게 인터넷을 사용할 수 있다. 지금은 당연한 것으로 보이지만 이 같은 휴대형 이동통신의 시작은 와이브로 (WiBro, Wireless Broadband)라고 볼 수 있다.

지난 2008년 와이브로 세계 최초 시연

출처- ETRI

와이브로는 2006년 ETRI에 의해 상용화된 기술로, 별도 단말기를 설치해 노트북 등을 통해 언제 어디서나, 이동 중에도 인터넷을 할 수 있는 휴대형 인터넷 기술이다. 유선 초고속인터넷 및 무선랜의 이동성을 보완해 도심에서 1Mbps 이상의 무선인터넷 서비스를 제공하는 기술인데 당시 와이브로는 개발과 동시에 우리 기술이 국제표준화(IEEE 802.16e)가 되어 국내 기술의 세계화를 이뤘고, 개발 시스템의 해외 수출 성공을 통해 국가 기술 경쟁력을 향상시켰다.

3세대 이후 이동통신 기술 주도권을 놓고 세계 각국이 경쟁을 펼치고 있는 상황에서 거둔 쾌거였다. 이런 와이브로는 등장 초반 이동성, 속도,

가격 면에서 앞선 기술로 평가받았지만, LTE의 등장 이후 급격하게 세가 줄었다. 어쨌든 와이브로는 전 세계 이동통신의 시작을 알린 우리 기술진의 성과 중 하나였다.

우리 디지털 통신의 역사를 정리하면 1세대 이동통신 시스템은 단순 기술도입이었지만, 2세대는 TDX 개발 기술을 기반으로 디지털 이동통신 시스템인 CDMA를 세계 최초 상용화했다. 이어서 CDMA 기술 성공은 3세대 이동통신 시스템의 기본 핵심 기술로 채택되었고, 이 축적된 기술을 바탕으로 와이브로 개발 및 OFDMA 기술 상용화를 성공시켰다. 여기서 더 발전시켜, LTE 등 4세대 이동통신의 기본 기술 선정과 국내 기술의 세계화까지 이루어 냈다. 그리고 지금의 5세대 이동통신, 사물인터넷 등 세계적 기술을 주도적으로 이끌고 있다.

	1G	2G	3G	4G	5G
기술	AMPS(아날로그)	CDMA(디지털), GSM	WCDMA, 1x/EV-DO	WiBro-e, LTE-Adv	–
시기	1984년	1996년	2003년	2011년	2017년 12월~
서비스	음성	음성 + 문자	음성 + 데이터	데이터 + 영상	초고화질 실감 미디어, 자율주행차 등
단말기	차량전화	휴대폰(음성전용)	피처폰	스마트폰, 웨어러블	스마트폰 등
시사점	통신기술 도입	내수시장 확대	세계시장 확대	스마트폰 1위	단말, 장비시장 세계 1위

*자료: 과학기술정보통신부, SKT

출처- 과학기술정보통신부, SKT

차곡차곡 기술로 진보하는 ETRI는 단순히 국내뿐 아니라 세계의 통신 시장의 판도를 바꾸는 리더로서 역할을 톡톡히 해내고 있다. 지금 대덕 연구개발특구 실험실에서는 어떤 또 다른 기술이 개발되고 있을까. 생각만 해도 설레는 일이 아닐 수 없다.

작은 과학 마을 대덕의 반란

✦ 원자력 대국의 꿈을 이룬 대덕 그리고 '그들'

석유 파동 이후 우리 정부는 원자력 발전을 도입하면서 지난 1977년 우리나라 첫 원전인 고리원전 1호기가 본격적으로 가동됐다. 이후 원전 확대와 함께 안정적인 연료공급의 필요성이 제기됐고 우리는 핵연료 국산화를 생각하게 된다. 그로부터 40여 년 후, 우리나라는 발전량 기준으로 세계 6위의 원자력 대국으로 성장했고 기술력도 세계의 톱클래스로 올랐다. 핵연료 불모지에서 원전 수출국에 이르기까지는 역시 대덕연구개발특구, 그들의 노력이 있었다.

대전시 유성구 한국원자력연구원 정문

출처- KAERI

1) 경수로 핵연료 국산화를 성공하다

원자력 기술 자립의 시발점은 중수로 및 경수로 핵연료 국산화였다.

한국원자력연구소는 1959년 설립 이래 1980년대까지 원자력 기술 자립을 위한 기반을 견실히 다졌다. 당시 정부는 1980년 12월 중수로 핵연료 국산화 기술 개발 사업을 국가 주도과제로 추진할 것을 승인했다. 이후 원자력연은 핵연료 설계, 핵연료 물질인 우라늄산화물(UO2) 분말 제조, 핵연료 제조, 노심관리 및 안전해석, 노외시험 평가, 조사 후 시험 및 평가 기술 등 관련 기술 개발을 본격화했다.

핵연료 검증시험과 연소시험, 조사 후 시험 등을 통해 건전성을 국제적으로 인정받아 1984년 과학기술처로부터 핵연료에 대한 설계승인을 획득했다. 중수로 핵연료는 월성 1호기에 장전돼 성능과 건전성을 입증받아 본격적인 양산을 위해 캐나다의 핵연료 기술을 도입함으로써 1987년 국산화에 성공했다. 이어 1988년 경수로 핵연료 국산화를 성공적으로 이뤄 냈다. 드디어 우리만의 독자적 기술력을 가지게 된 것이다.

지난 1984년 국산 중수형 원자로에 국산 핵연료 최초 장전됐다.

출처- KAERI

작은 과학 마을 대덕의 반란

2) 국내 유일의 연구용 원자로 '하나로(HANARO)'

대부분의 연구용 원자로는 특정한 목적으로 지어진다. 원자로에서 생기는 중성자를 이용해 각종 물질에 대해 분석 실험하는 냉중성자 연구로, 의료용 동위원소 생산이 장기인 동위원소 생산 등으로 특화돼 있다. 우리 역시, 1980년대 급증하는 원자력 수요에 부응하기 위해 우리만의 원자로가 필요했다.

하나로(HANARO)는 우라늄의 핵분열 연쇄 반응에서 생성된 중성자를 이용해서 다양한 연구 개발을 수행하는 열출력 30메가 와트(MW) 규모의 연구용 원자로로, 한국원자력연구원이 우리 기술로 설계·건설해서 1995년부터 운영했다.

출처- KAERI

원자력연구원의 연구진은 부단한 연구를 통해 1985년부터 1995년까지 설계·건설·시 운전을 거쳐 국내 유일의 연구용 원자로 '하나로(HANARO)'를 건설하는 데 성공했다.

'하나로'는 설계부터 시작해서 건설까지 우리 기술로 개발된 다목적 연구용 원자로다. 자력으로 건조한 열출력 30MW급 고성능 다목적 연구용으로 원자력 연구 개발에 필수적인 높은 중성자속을 지닌 국내 유일의 거대 원자력 연구시설이다.

세계에서 5번째 'IAEA(국제원자력기구) 연구용 원자로'로 지정된 '하나로'는 1cm²의 면적을 기준으로 1초 동안 500조 개에 달하는 중성자를 생산할 수 있다. 연구용 원자로는 많은 양의 중성자를 만들수록 중성자의 특성을 이용해서 기존의 물질 구조를 더욱 자세히 분석할 수 있고, 전에 없던 새로운 물질을 생산할 수도 있다.

'하나로'를 통해 얻은 성과 또한 적지 않다. 원전의 성능과 안전성 향상을 위한 핵연료, 원자로 재료 실험은 물론, 의료용·산업용 방사성 동위원소 생산, 대전력 고품질 실리콘 반도체 생산 등에 다양하게 활용되고 있다. 특히 중성자 빔 이용 분야에서는 기존의 열중성자 산란장치에 대형 국가 기반 연구시설인 냉중성자 연구시설을 활용한 나노 및 바이오 연구, 비탄성 중성자 산란 연구 등을 통해 소재 원천 기술 개발 등을 지원하고 있다.

하나로는 원자로 조종 국가면허를 소지한 숙련된 운전요원들이 24시간 원자로와 안전계통, 안전설비들을 안전하게 운영하고 있으며, 예치치 못한 방사성 물질의 누출 여부를 확인하기 위해 시설 및 부지 주변에 24시간 방사선 감시 시스템을 설치·운영한다.

출처- KAERI

작은 과학 마을 대덕의 반란

정상세포 손상 최소화하며 암세포 등을 선택적으로 공격

하나로가 생산하는 방사성 동위원소는 질병의 진단과 치료에 널리 쓰이고 있다. 하나로는 뼈와 뇌 등에 있는 암을 찾아내는 핵의학 영상장치에 쓰이는 방사성 동위원소 '테크네슘-99m'를 생산하고 있다. 종양 치료나 혈액 검사 같은 체외 진단에도 주로 활용된다. 방사성동위원소 치료의 대표적 예가 방사성 아이오딘(Iodine-131)을 이용한 갑상샘암 또는 갑상샘기능항진증 치료다.

아이오딘은 흔히 요오드라고도 불린다. 미역 등 해조류에 풍부하게 함유되어 있는데 섭취 후에는 갑상샘에 축적돼 갑상샘 호르몬을 만드는 데 사용된다. 방사성 아이오딘은 천연 아이오딘과 화학적 성질이 같지만 방사선을 방출한다는 특징이 있다.

그 때문에 방사성 아이오딘을 먹으면 똑같이 갑상샘에 축적되는데, 방출되는 방사선의 에너지에 의해 갑상샘의 종양을 파괴하는 치료 효과를 가진다. 그리고 방사성 아이오딘을 이용한 갑상샘 질환의 치료는 세계적으로 오래전부터 사용돼 효과와 안정성이 입증되어 있다.

특히 최근에는 생명과학기술의 발전으로 새로운 바이오마커(Biomarker)에 대한 여러 정보가 공개됨에 따라 이를 활용한 방사성 표적 치료 연구가 활발히 이뤄지고 있다. 바이오마커는 몸속 정상세포와 달리 종양세포에 많이 존재하는 단백질이나 저분자 물질을 일컫는데, 여기에 방사성동위원소를 붙여 종양세포를 스스로 찾아가게 만들 수 있다.

이런 형태의 방사성 약품은 정상세포의 손상을 최소화하면서 암세포 등을 선택적으로 사멸한다. 방사성동위원소를 이용한 치료는 외과적 수술 없이도 높은 효과를 보여, 치료적 활용에 관한 관심이 나날이 증가하고 있다.

방사성 의약품 신약 1호 '밀리칸주' 개발

　방사성 동위원소는 항암 치료제도 만든다. 방사성동위원소는 방사선을 방출하는데 이 방사선을 암세포에 쪼이면 암세포가 죽는다. 국산 신약 3호인 동화약품의 간암 치료제 '밀리칸주'가 그 예다.

　'밀리칸주'는 방사성 동위원소 신약 국내 1호로 간으로 잘 전달되는 화합물인 키토산에 홀뮴이라는 동위원소를 붙여 간암세포를 선택적으로 죽이는 치료제다. 이 신약 개발로 2,000만 원이나 하던 1회 치료 비용이 600만 원 수준으로 현저히 낮아졌다. 지금까지 하나로가 만든 진단·치료제의 혜택을 받은 사람 수만 38만 명에 달하는 것으로 추산된다.

3) 원자력 자립 시대를 열어 준 한국표준형원전

　하나로 원자로 개발이 끝난 다음 해인 1996년에는 안전성을 높이고 우리나라에 최적화한 한국표준형원전을 개발하기 시작했다. 그리고 그 해 결국 한국표준형원전(OPR1000)을 개발하는 데 성공했다. 이 기술을 이용해 울진 원전 3호기를 우리 손으로 건설하면서 원자력 자립 시대를 여는 열쇠가 됐다.

　이어 한국표준형원전의 안전성과 경제성을 더욱 향상시킨 한국형 신형 경수로 APR-1400을 개발했다. 이는 한국표준형 원자로보다 발전용량이 40% 늘어난 1,400MW급 초대형 원자로로 규모 7.0의 강진에도 견딜 수 있는 안정성까지 확보한 것이었다.

　덕분에 우리나라는 2009년 아랍에미리트에 4기를 수출, 세계 6번째 원전 수출국으로 부상한다. 1978년 국내 첫 원전인 고리 1호기가 상업 운전을 시작한 지 30여 년 만에 이룩한 역사다.

한국표준형원전이 적용된 신고리 1, 2호기

출처- <연합뉴스>

✦ 그들이 이룬 데이터 혁명

"2010년대 들어서면서 시대의 키워드는 정보에서 데이터로 바뀌었다. 과학기술계에서는 제4세대 연구패러다임으로 불리는 '데이터 중심 과학'이 부상했다. 특히 4차 산업혁명과 함께 인공지능과 사물인터넷, 로봇 등의 기술이 부각되자 이들 기술의 발전을 위한 소스로서 데이터에 관심이 집중됐다. 데이터야말로 현대 산업사회의 원유가 됐고 원유가 모인 빅데이터는 새로운 가치를 만드는 세상이 됐다. 그리고 데이터는 미래 예측의 정확도를 높여 수많은 불확실성으로부터 인류를 보호하는 데 큰 역할을 할 것이다. 이제 데이터 문맹률을 낮추고 접근성을 높여야 한다. 국가의 경쟁력을 좌우할 '데이터 고속도로'의 통합적인 그림을 그리는 데 집중해야 한다. 과학기술 인프라와 데이터가 세

상을 바꾼다."

_김재수 한국과학기술정보연구원장의 인터뷰 중

김재수 KISTI 원장

1) 전국의 연구자들을 하나로 연결하는 네트워크 시대를 열다

각자 사무실에서 개별적으로 우물을 파던 연구자들이 하나로 뭉쳐 공동의 자원으로 성과를 내는 과학기술 연구 분야의 사건이 펼쳐졌다. 1988년 1월, 당시 한국과학기술연구원 시스템공학센터(SERI)가 '연구전산망 구축 사업'의 일환으로 교육연구전산망(KREONet) 사업을 맡아 추진한 것이다. '연구전산망 구축 사업'은 1980년대 정부가 정보화 사회의 기반 조성 등을 목표로 '국가 5대(정부행정전산망, 금융전산망, 교육연구전산망, 국방전산망, 보안전산망) 기간 전산망 구축 프로젝트'를 추진하면서 시작되었다. 연구자들의 국가 전산망 통합은 세계적인 흐름이었다. 이제 과학기술도 뭉쳐야 하고 서로 연결돼야 결과도 크다는 진리에 우리나라

072   작은 과학 마을 대덕의 반란

도 뒤늦게 눈을 뜬 것이다.

대전시 유성구 한국과학기술정보연구원 전경

출처- KISTI

이 사업은 단순한 망 구축을 넘어 국산 주전산기 및 서비스의 개발까지를 포함한 종합적 프로젝트였다. 이러한 5개 분야의 전산망 구축 사업 중에서 시스템공학연구소가 교육연구망 구축 사업을 담당하게 된 것은 1970년대 초반부터 데이터통신 및 컴퓨터 네트워크 분야의 서비스를 선도해 오면서 많은 기술과 경험을 축적했기 때문이었다.

이어 1988년 9월에는 88 서울올림픽 네트워크를 구축·운영했으며, 이후 93 대전엑스포 등 국가 차원에서 수행한 주요 프로젝트에 대한 전산 시스템 운영 및 통신망 관련 대형과제를 지원했다. 이 과정을 거쳐 국가연구전산망(KREONET)이 정식으로 개통되고 전국의 연구자들을 네트워크상에서 하나로 연결하는 시대가 열리게 되었다.

연구자 네트워킹을 주도한 시스템공학연구소의 사업단은 여러 구조조정을 거쳐 한국과학기술정보연구원(KISTI)으로 분화돼 대한민국 과학

연구의 산실 대덕연구단지에 입주했다. 국가 과학기술의 데이터와 네트워크 인프라를 넓혀 나가는 우리나라 최초의 전문 연구기관이 탄생한 것이다. 여기서 더 나아가 이제는 미국과 중국을 비롯한 다른 나라의 연구자들과도 서로 데이터를 주고받으며 연구의 양적 질적 성과를 높여 가고 있다.

국가과학기술연구망 개념도

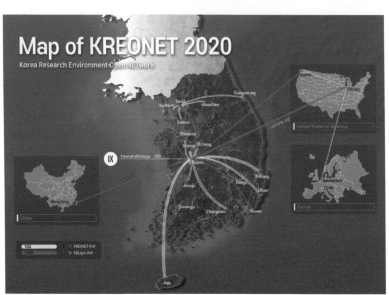

출처- KREONET

2) 정보 산업 강국, 대한민국 뒤에는 '슈퍼컴퓨터'가 있었다

1988년 12월 6일, 홍릉 KAIST 시스템공학센터 컴퓨터실에서는 특별한 개통식이 진행됐다. 슈퍼컴퓨터 1호기 'CRAY-2S'의 개통식이었다. 대한민국 최초로 도입된 슈퍼컴퓨터 1호기가 KAIST 시스템공학센터 컴퓨터실에서 4개월여의 설치 및 시험 가동을 거친 후, 정식 서비스 가동을 시작한 날, 이날은 대한민국 정보 산업 발전의 본격적인 시작일이기도 하다.

1988년 국내 최초 국가 슈퍼컴퓨터 1호기인 Cray 2S와 2, 3호기

슈퍼컴퓨터 1호기 모형　　슈퍼컴퓨터 2호기 모형　　슈퍼컴퓨터 3호기 모형

출처- KISTI

당시 미국을 비롯한 선진국에서는 이미 1980년대 중반부터 기상예보와 원자력안전성 분석, 석유탐사, 기초기반 기술 확립, 신제품 개발 등 성능과 규모 면에서 일반 컴퓨터로는 해결할 수 없는 분야에 슈퍼컴퓨터를 활용해 오고 있었다.

슈퍼컴퓨터는 정보처리 분야보다는 오히려 과학기술 발전에 절대적으로 필요한 도구였다. 실제로 세계적으로도 1985년 무렵에는 100여 대의 슈퍼컴퓨터가 이미 설치됐고, 이 중 70%가 미국에 그리고 30% 정도가 유럽과 일본에 집중돼 있었다.

그 때문에 우리나라는 1980년대 초부터 슈퍼컴퓨터 도입에 대한 의지를 다지기 시작했다. 그리고 곧이어 연구진의 노력으로 슈퍼컴퓨터 도입을 위한 예산도 확보했다. 1986년 2,600만 달러(약 170억 원)의 예산 확보에 성공했으며, 그 결과 1988년 슈퍼컴퓨터 1호기를 도입할 수 있었다.

당시 'CRAY-2S'는 성능이 2메가플롭스(초당 20억 번의 부동소수점 연산

수행)이고, CPU가 4, 주기억 메모리가 128MW(Mega Word, 64bit/w), 디스크 용량이 60GB(Giga Byte), 운영체제는 UNICOS를 탑재한 당대 슈퍼컴퓨터 중에서도 우수한 컴퓨터였다.

1단계 운영 사업(1988~1993년)은 고성능 슈퍼컴퓨터 서비스를 산·학·연 및 정부기관 등 각 분야의 사용자들에게 효율적인 서비스를 제공하고, 국가 경쟁력 강화와 국민 생활 향상을 통한 선진국 진입에 기여하는 데 그 목적이 있었다. 그리고 목표는 적중했다. 우리나라는 슈퍼컴퓨터 1호기 첫 가동 이후 국내 과학기술 발전이 급성장하는 성과를 가져왔다.

슈퍼컴퓨터 1호기의 1단계 사업에서 KAIST를 포함해 26개 대학과 한국원자력연구원, 기상청, 공군 제73기상대, 한국석유개발공사를 포함해 정부 및 연구소 17개 기관, 그리고 대기업 및 중소기업을 포함하는 산업계 15개 기관 등 58개 기관이 활용해 좋은 결과를 얻을 수 있었다.

우리나라 산업 발전에도 슈퍼컴퓨터의 공은 지대하다. 컴퓨터를 바탕으로 한 제품 설계가 기반이 될 수밖에 없는 지금, 슈퍼컴퓨터의 활용은 선택이 아닌 필수가 되고 있기 때문이다. 시간이 갈수록 슈퍼컴퓨터 기반 기술을 통해 성장을 도모하고 있는 벤처 기업들이 점차 늘어나고 있는 현상은 한국 벤처 산업의 제2의 도약으로 이어질 것이라는 분석이다.

슈퍼컴퓨터 5호기로 이어 가는 국가 미래 경쟁력

2018년, 국가 슈퍼컴퓨터 5호기 '누리온'이 개통했다. 1988년 1호기 도입이래 5번째로 구축된 국가 슈퍼컴퓨터 '누리온'은 57만 개의 코어(Core)로 구성됐다. 이는 고성능 PC 2만 대와 맞먹는 성능을 자랑한다. 당시 전 세계 슈퍼컴퓨터 중에서도 11위에 해당하는 그야말로 명실상부한 '슈퍼'였다. 덕분에 4호기로는 시도할 수 없었던, 과학적으로 중요한 의미가 있는 연구들을 진행할 수 있었다.

작은 과학 마을 대덕의 반란

한국과학기술정보연구원에 구축된 슈퍼컴퓨터 5호기 누리온

출처- KISTI

지금도 '누리온'은 인공지능, 생명의료, 우주항공 등 연구 개발 난제와 초거대 문제의 해결을 지원하며 미래 대응 기술 개발 및 국가 사회 현안 해결을 통해 국가 미래 경쟁력 강화에 기여하고 있다.

인공지능(AI)·빅데이터로 슈퍼컴퓨터 자원 요구 커져

디지털 전환(DX)이 가속화되면서 많은 양의 데이터 처리와 계산을 위한 슈퍼컴퓨터의 역할이 강조되고 있다.

2021년, 세계 최고 성능의 슈퍼컴퓨터 순위인 Top 500이 선정됐다. Top 500 순위에서 일본의 이화학연구소(RIKEN)와 후지쯔(Fujitsu)가 공동 개발한 후가쿠(Fugaku)가 1위를 차지했다.

후가쿠는 2020년 6월을 시작으로 2년 연속 1위를 지켰다. 후가쿠의 실측성능은 442페타플롭스(PF)로 1초에 44.2경 번 연산이 가능하다. 2위는 미국 오크리지 국립연구소(ORNL)의 서밋(Summit), 3위는 로렌스 리버모어 국립연구소(LLNL)의 시에라(Sierra) 순으로 10위에 신규 진입한

보이저-EUS2(Voyager-EUS2)를 제외하고는 거의 변화가 없었다.

한국과학기술정보연구원의 슈퍼컴퓨터 5호기 누리온은 2021년 상반기 발표된 순위 대비 7계단 하락한 38위에 기록되었다. 누리온은 연산 속도가 25.7페타플롭스(PF)에 이르고 계산노드는 8,437개다. 1페타플롭스(PF)는 1초에 1,000조 번 연산이 가능한 수준이며, 누리온은 70억 명이 420년 걸려 마칠 계산을 1시간 만에 끝낼 수 있다.

또한, 삼성종합기술원이 등재한 SSC-21과 SSC-21 Scalable Module 시스템이 11위와 291위, 기상청이 등재한 구루(Guru), 마루(Maru), 누리(Nuri), 미리(Miri)가 각 27위, 28위, 251위, 252위를 차지했다. 우리나라의 슈퍼컴퓨터는 총 7대로 국가별 보유 대수 순위 9위에 기록되었다.

결코 순위가 중요한 것은 아니다. 하지만 그만큼 전 세계는 데이터가 강조되고 있다는 것을 우리는 세계시장을 통해 매일 확인할 수 있다.

지금의 데이터는 자유롭다. 너무나도 방대한 탓에 누군가 정보의 통로를 틀어막고 가공한다는 것이 불가능하다. 활용도 자유롭다. 내가 원하는 방향으로, 이전에 보지 못했던 새로운 방법으로 세상을 볼 수 있게 하기 때문이다.

이들의 특성은 기존 정보화 시대와는 다른 세상을 가져왔다. 데이터를 얼마나 잘 활용하느냐에 따라 이전에 없던 성과를 창출할 수 있다. 물론 새로운 어려움도 생겨난다.

데이터 활용 능력이 부족하면 경쟁에서 뒤처질 수밖에 없다. 누구나, 언제든지 데이터를 활용할 수 있도록 공공재적 데이터 성격을 유지해야 한다. 보다 많은 이들에게 데이터를 전달하고, 활용을 도울 수 있기 때문에 우리는 그 어느 때보다 과학과 과학자들의 연구가 필요하다.

오픈 플랫폼 서비스로 지식 공유·확산 견인

2021년 말, 국가과학기술정보연구원은 오픈 플랫폼 3개를 공개했다.

그 첫 번째는 액세스온이다. 액세스온은 모든 국민이 학술 연구 정보에 자유롭게 접근, 활용할 수 있도록 하는 오픈액세스 지원체제다. 누구나 법, 경제, 기술적 장벽 없이 학술논문 원문을 무료로 활용할 수 있는 환경을 제공한다. 국가 오픈액세스 리포지터리 기반 시스템 역할도 한다. 2021년 11월 기준 3,133만 2,162건에 달하는 방대한 콘텐츠를 제공하고 있다.

앞으로 연구원은 전주기 오픈액세스 출판 지원체제 통합 프레임워크를 단계적으로 적용하고, 액세스온 기반 전주기 오픈액세스 출판 지원체제 강화, 각종 연구 및 확산, 협력체계 마련에도 나설 계획이다.

두 번째, 데이터온은 국가 연구 개발(R&D) 과정에서 발생하는 방대한 연구데이터를 비롯한 다양한 정보를 공유 및 활용하기 위한 플랫폼이다. 데이터셋과 표·그림, 소프트웨어(SW) 등 연구데이터 콘텐츠 통합 검색을 지원하고, 국내외 유수기관 연구데이터도 연계해 검색 지원한다. 2021년 4월 기준 국내 2,941개 데이터셋, 해외 111만 개 데이터셋을 검색할 수 있다. 연구데이터 분석도 가능하게 했다. 개인화된 고속·대용량 분석 클라우드 서비스를 지원한다.

마지막으로 사이언스온은 과학기술 정보, 국가 R&D 정보, 연구데이터, 슈퍼컴퓨터와 초고속 네트워크 등 KISTI 지식 인프라를 한곳에서 원스톱 제공하는 R&D 활동 전주기 지원 서비스다. 오픈사이언스 지원을 위한 통합 서비스 플랫폼을 지향한다. 국내외 논문과 특허, 연구 보고서, 동향, 연구자 등 다양한 정보를 망라한다. 여기에 지능형 큐레이션 서비스를 도입한다는 계획도 가지고 있다. 다양한 플랫폼을 연계해 메타버스 환경에서도 서비스를 이루는 등 R&D 디지털 전환 지원도 염두에 두고 있다.

한국과학기술정보연구원은 국가의 미래 경쟁력을 좌우할 '데이터 고속도로'의 통합적 그림을 그리는 데 역량을 집중할 계획이라고 한다. 그동안 한국과학기술정보연구원이 만들어 온 디지털 생태계가 미래를 어떻게 더 발전시킬지 기대되는 대목이다.

슈퍼컴퓨터 도입 역사, 1988년 국내 최초 국가 슈퍼컴퓨터 1호기인 Cray 2S를 시작으로 지속적으로 약 5년을 주기로 신규 시스템을 도입하여 현재 5호기를 구축·운영하고 있다.

출처- KISTI

✦ 대한민국 표준, 세계 표준에 도전하다

지금 이 시각에도 세상의 표준을 만드는 사람들이 있다. 표준은 무게와 길이, 속도, 시간, 오염도, 방사선량 등 일상생활에서는 아무 문제 없이 당연한 듯 사용하는 것들이다. 조금 틀린다고 크게 문제가 생기는 것도 아니다. 하지만 이게 연구 개발이나 산업 현장에서는 얘기가 다르다. 불과 1g의 차이, 혹은 1초의 차이, 1mm의 차이는 기업의 경쟁력을 좌우하고 이로 인해 죽고 사는 문제까지 생길 수 있다. 더구나 미래 사회로 갈수록 그 값은 더욱 중요한 의미를 가질 것이다.

그럼 그 무게와 길이, 속도는 누가 결정할까? 그리고 결정한 값은 누가 정확도를 보증할까? 대덕연구개발특구 한국표준과학연구원이다. 우리나라의 표준을 만들고 그 표준의 정확도를 높여 세계의 표준에 도전한다. 우리의 표준이 세계 표준이 된다는 건 우리 과학 수준은 물론 국가의 품격이 올라가는 것임을 말한다. 밤늦은 이 시간에도 대덕연구개발특구 표준과학연구원의 연구실 불은 꺼지지 않고 있다.

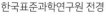

한국표준과학연구원 전경

출처- KRISS

1) 20억 년에 1초 오차… 대한민국 시계 클래스

대덕연구개발특구 표준과학연구원(KRISS)에는 시계가 있다. 손목에 차는 시계? 벽시계? 아니다. '시계의 시계'다. 무슨 말이냐면 시계의 정확도의 기준이 되는 시계다. 물론 60분, 60초를 나누고 있는 보통 시계와 생김새부터 다르다.

그 시계의 시간은 TV에 표기되기도 하고 인터넷을 통해 전국 각 가정과 사무실에 전해지기도 한다. 그걸 보고 우리가 가진 시계의 시각을 맞춘다. 우리가 손목에서, 벽에서 보고 있는 시간, 그 시간의 바탕이 되는

'시계의 시계'인 셈이다.

첨단을 살아가는 요즘 세상에서 '시간'과 '위치'는 가장 중요한 도구이자 우리 모든 삶의 기본 배경이다. 인공위성 항법 시스템(GNSS)은 우리가 어디에 있든 정확한 위치와 시간을 제공해 우리 삶의 기준을 잡아준다. 정확한 위도와 경도는 물론 우주선과 항공기, 선박의 이동과 내비게이션, 우리가 타는 차량의 행선지를 알려 주고 현재 있는 곳의 정확한 시간 정보를 제공한다.

유럽우주국의 갈릴레오 항법 위성 시스템은 지구에 정확한 시간 정보를 제공한다.

출처- ESA

이게 가능한 것은 미국의 GPS처럼 인공위성을 지구 상공 곳곳에 올려놓고 그 신호를 받아 정확한 위치와 시간을 얻기 때문이다. 인공위성에는 원자시계가 탑재해 있는데 10만 년 동안 단 1초밖에 틀리지 않는 정도의 수준이다.

작은 과학 마을 대덕의 반란

그렇다면 대한민국 표준시를 만드는 시계는 어디에 있을까? 표준과학연구원에 있는 시계가 그것이다. 이름은 이터븀 광시계 'KRISS-Yb1'이다. 오차는 '20억 년에 1초'를 자랑한다. 그리고 이 시계는 세계의 표준시를 맞추는 기준이 되고 있다. 세계 표준시는 공식용어로 세계협정시(UTC, Universal Time Coordinated)라고 불리는데 전 세계가 공통의 시간을 유지할 수 있도록 동기화된 과학적 시간의 표준이다.

이터븀 광시계를 이용해 시험을 하고 있다.

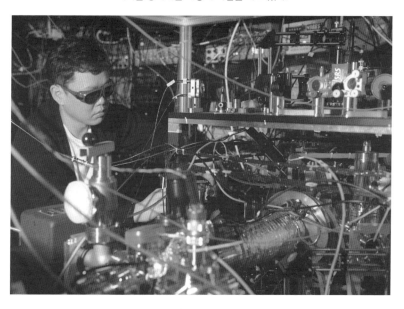

출처- KRISS

세계 모든 나라가 이를 이용해 시간을 맞추며 전자상거래, 통신, 내비게이션 등의 기준으로 사용한다. 한국은 세계협정시보다 9시간 빨라 UTC+9로 표기하고 있다.

이터븀 광시계를 만든 사람들, 원자기반양자표준팀

출처- KRISS

그럼 우리는 언제부터 시계를 개발하기 시작했을까? 먼저 표준과학연구원의 지난 1988년 연구부터 주목해야 한다. 당시 우리가 만든 최초의 원자시계는 이름이 'KRISS-1', 연구원이 독자적으로 개발한 일명 광펌핑 세슘원자시계인데 이 시계는 300만 년에 1초밖에 오차가 생기지 않는다. 당시에도 세계 최고 수준이었다.

하지만 우리는 이 중요한 시계를 갖지 못했었다. 한 세대 이상 뒤처진 것을 짧고 굵은 연구를 통해 단숨에 선진국을 따라잡거나 역전을 시킨 사례의 대표가 바로 원자시계다.

<u>아이디어만 믿고 뛰어든 원자시계 개발</u>

우리나라에서 원자시계에 관한 연구가 공식적으로 시작된 건 1988년부터다. 세계 최초의 세슘원자시계가 등장한 건 1950년대 초반이고 일

작은 과학 마을 대덕의 반란

본도 우리보다 한 세대 앞서 원자시계 연구를 시작했다. 먹고살기 바빴고 1970년대 산업화에 몰두했던 시기, 표준시간에 대한 개념이 있을 리 없었다. 이때 시간에 주목한 건 표준연구원 이호성 박사였다. 국가의 발전을 위해서는 생활의 기준이 될 독자적인 시간이 기본적으로 있어야 한다는 생각에서였다.

원자시계 개발방침은 정했지만 당시 우리 실험실은 이 박사가 당장 연구를 시작할 수 있는 상황이 아니었다. 국내에서는 원자시계에 대한 기초 연구조차 시도되지 않았던 터라 실험실과 연구원이 없었다. 그래서 표준연구원은 먼저 원자시계를 개발한 미국과 일본의 기술을 따라잡는 방식을 택했다. 그러나 선행 연구가 전혀 없었던 만큼 오히려 시간만 더 잡아먹고 설사 개발한다고 해도 기술은 종속될 것이라는 판단 아래 차라리 전혀 새로운 방식, 즉 레이저를 이용한 원자시계인 광펌핑 세슘 원자시계를 독자 개발하기로 방향을 틀었다.

광펌핑(Optical pumping) 방식: 강한 자석을 이용하는 재래식과 달리 레이저를 이용해 원자를 일정한 에너지 상태에 있도록 하는 것이며 이렇게 준비된 원자를 시계에 이용한다.

그러나 이 박사의 아이디어도 문제는 있었다. 원자시계를 개발하기 위해서는 진공 기술이 필요한데 국내에서는 원자시계 공정에 맞는 진공실이 없었고 그 외에도 필수적인 반도체 레이저, 세슘 셀 같은 걸 접해 본 연구원도 없었다. 무엇보다 이호성 박사조차 실험실에서 만든 원자시계를 직접 보지 못했다. 이 박사는 해외 사례를 벤치마킹하되 독자적인 우리 기술을 만들기로 결심한다. 그 후 1988년 일본의 국제정밀전기측정 콘퍼런스에서 다양한 정보를 수집했다. 또 미국국립표준기술원(NIST) 연수 과정에서는 직접 원자시계 프로젝트에 참여해 기술을 얻었

고 그 기술을 잊지 않기 위해 국내 연구실에 자료를 보내 선행 연구를
수행토록 했다.

세슘원자시계 KRISS-1

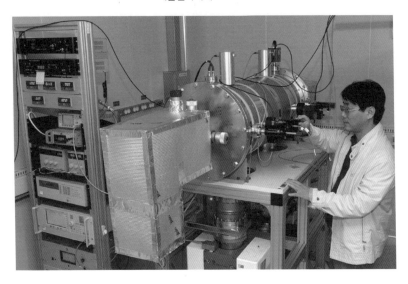

출처- KRISS

그리고 한국에 돌아와 기술적인 부분과 실험실 환경을 다시 세팅했
다. 예를 들어 이런 것들이다. 원자시계는 원자에서 발생되는 파장을
진동기준으로 사용하는데 이 진동 값을 측정하는 등의 기술적인 분야
를 연구했다. 또 측정치의 신뢰도를 높이기 위해 연구실의 온도 변화를
0.1도 내로 안정화하고 습도와 자기장 영향 차단 같은 환경 분야에도 공
을 들였다. 이렇게 하나둘 연구 성과가 쌓였고 아이디어 제안과 검증, 부
품 제작, 평가, 시험 등의 숱한 과정을 거쳐 마침내 2009년 'KRISS-1'의
국제등록에 성공했다. 이제 대한민국은 세계에서 가장 정확한 시간을
독자적으로 갖게 된 것이다.

　　　　　　　　　　　　　　　　작은 과학 마을 대덕의 반란

왜 한국은 힘들게 시계를 연구하나? 그냥 우리 것을 써라

"한국은 더 이상 시간 낭비하지 마라. 우리가 만든 세슘원자시계를 도입하면 되는데 왜 힘을 들이나?", 당시 미국은 한국의 연구가 진행되는 도중 이렇게 말하며 자신들의 세슘원자시계를 도입하라고 제안했다. 얼핏 솔깃하기도 했지만, 한편으로는 자존심이 크게 상하는 일이었다. 연구팀은 단호하게 "No"라고 답했다. 원자시계는 우리나라 과학기술을 대표하는 얼굴이라고 믿었기 때문이다.

또 일본의 한 연구소는 이 박사팀이 방문했을 때 "왜 한국은 남의 나라 원자시계를 구경만 하느냐? 직접 만들지 못하는가?"라고 무시하듯 말하기도 했다. 하지만 이후 'KRISS-1'이 완성 단계에 이르자 누구보다 놀란 나라는 일본이었다. 자신들이 반세기에 거쳐 이룩한 것을 한국이 20년도 안 돼 더 나은 기술 수준으로 완성한 걸 보고 부러움의 시선으로 표준연구원에 견학을 오기도 했고 한국 연구진을 일본에 초청하기도 했다.

그 후 300만 년에 1초밖에 오차가 발생하지 않는 세계 최고의 정확도를 가진 한국 원자시계는 다시 진화하기 시작했고, 2014년 '이터븀 원자 광격자시계'를 국내 순수 기술로 개발하는 데 성공했다. 오차는 1억 년에 1초. 이 시계는 레이저 빛을 이용해 이터븀 원자를 포획하고 냉각시켜 격자 모양에 가둔 뒤 원자의 진동수를 측정한다.

앞서 개발한 상용 세슘원자시계의 오차인 300만 년에 1초보다 30배 더 정확하며, 당시 미국과 일본에 이어 세계에서 세 번째로 알려졌다.

여기서 끝이 아니다.

또 하나의 퀀텀 점프(Quantum jump)가 시작되는데 점프가 이번에는 20억 년의 1초였다. 원자의 진동수가 1초에 518조 2,958억 3,659만 863.6번에 달하는 데 걸리는 시간을 1초로 정의한다. 세계 원자시계 수준을 끌어올린 우리 최초의 세슘원자시계에 비해 5만 6천 배 정밀하다고 한다. 앞으로 2030년경에는 세슘원자시계 대신 우리가 개발한 이터븀 광시계 'KRISS-Yb1'가 세계 표준시의 다음인 세계 협정시로서 시간을 재정의할 것으로 전망된다.

각 국가의 표준시계가 중요한 이유는 정확한 시간 표준을 통해 우리 삶이 더 편리해지고 첨단 산업은 훨씬 더 빠르게 발전할 수 있기 때문이다. 시계 하면 흔히 독일을 떠올린다. 하지만 시계처럼 정확하게 말하면 한국의 시간 정확도는 세계 으뜸이다. 그리고 그 시간은 대덕연구개발특구 표준과학연구원 연구진의 땀과 열정, 아이디어로 만든 것이다.

2) 더 정확한 1kg을 찾는 사람들… 키블저울의 등장

집마다 있는 체중계는 다이어트를 하는 누군가를 울리기도 하고 웃게도 한다. 또 수산시장에서 물고기의 몸무게를 재는 저울도 있고 항구에서 컨테이너의 무게를 측정하는 엄청난 크기의 저울도 있다. 여기서 궁금한 것 하나, 세상 곳곳에 있는 저울들은 정확할까? 그리고 저울의 정확도는 어디에서 어떻게 측정할까? 모든 해답은 표준과학연구원에서 찾을 수 있다.

우선 질량의 기준은 어떻게 설정됐을까? 역사를 한번 알아보자. 프랑스는 루이 16세 시대 길이와 질량의 기준을 만들고 세계의 측정 기준을 통일하려고 시도했다. 그래서 1m를 지구 둘레의 4천만 분의 1로 정의하면서 프랑스를 지나는 거리를 측정해 1m 값을 정했다. 또 온도 4도의 물 1cm³의 질량을 1g으로 규정했다. 하지만 이것이 정확할 리는 없을 터. 국제사회는 1875년 질량의 단위인 킬로그램(kg)을 이렇게 정했다. '백금과 이리듐을 합금한 금속 원기의 질량을 1kg으로 정의하는 것에 합의한 것이다'. 백금 90%와 이리듐 10%의 합금으로 국제 킬로그램 원기(原器)를 제작했고 1889년 국제 과학자들이 모인 1차 국제도량형총회에서 공인을 받았다. 그리고 1884년 이 원기를 40개 제작했고 이후 100개 이상을 만들어 각 나라에 보급했다. 우리나라도 1894년부터 2017년까지 4개의 원기를 소유하고 있다.

원기(原器): 측정의 기준으로서 도량형의 표준이 되는 기구

루이 16세 시대 프랑스는 프랑스를 지나는 거리를 측정해 1m 값을 규정했다.

출처- KRISS

하지만 문제가 있었다. 시간이 지나면서 원기의 질량이 조금씩 변한다는 것이었는데, 미세한 분자들이 흡착되고 원기가 마모되면서 생긴 일이었다. 과학자들이 측정해 보니 100여 년 동안 약 수십 마이크로그램(μg, 100만분의 1g)이 변한 것으로 추정돼 정확성에 문제가 제기됐다. 한마디로 100년 전의 1kg은 지금의 1kg이 아닌 것이다.

단위가 불안정하고, 변할 가능성이 있다는 것은 일상생활과 모든 산업 현장에서 이루어지는 측정값을 신뢰할 수 없음을 의미한다. 특히 제약, 반도체 등 정확한 질량 측정을 요구하는 첨단 기술 분야에서는 질량 측정의 안정성과 신뢰성이 더욱 중요해진다.

1800년대 후반 국제도량형총회가 열렸다. / 800년대 후반 국가원기가 제작됐고 우리나라에도 도입됐다.

출처- KRISS

이를 해결하기 위해 등장한 것이 키블저울(Kibble balance)이다. 키블저울은 전자기력을 이용해 질량을 정밀하게 재는 기계를 말하는데 1975년 영국의 물리학자인 브라이언 키블이 발명했다. 여기서는 변치 않는 상수인 플랑크 상수(h) 값을 이용해 물체의 질량을 구현하며 키블저울은 질량, 중력가속도, 전기, 시간, 길이 등 수많은 측정표준의 집합체로서 모든 측정의 불확도(부정확하다고 의심할 수 있는 정도)가 10^{-8}(1억분의 1) 수준으로 구현돼야 한다.

> 키블저울(Kibble balance): 전자기력으로 물체에 작용하는 중력을 가늠해 고정된 물리상수 값을 기준으로 측정 대상의 질량을 측정하는 장비

플랑크 상수: 빛의 알갱이인 광자 하나의 에너지를 그 광자의 진동수로 나눈 값. 변하지 않는 상수

우리도 키블저울이 있다… 천만 분의 1kg 오차

거대한 강철 사각형 안에 들어 있는 마치 밥솥처럼 생긴 육면체가 보인다. 우리나라에서 가장 정확하다는 키블저울의 모습이다.

한국표준과학연구원(KRISS) 플랑크상수질량팀은 2012년 연구를 시작해 불과 4년 만인 지난 2016년 처음으로 키블저울을 설치했다. 당시 각 요소의 측정 불확도는 10^{-6} 수준이었고 전체 측정 불확도도 10^{-6}에 미치지 못했다.

키블저울 외형 정면

출처- KRISS

이후 연구팀은 2016년부터 지금까지 △직선 운동 향상을 위한 메커니즘 구현, △등속 운동을 위한 고속 제어 알고리즘 적용, △자석의 균일도

향상, △전기 잡음 원인 분석을 통한 잡음 개선, △전자기력과 중력 간의 정렬 방법 제안 등 모든 부분을 개선해 $1.2 \times (10^{-7})$ 수준의 최종 결과를 얻게 됐다. 그럼 이 정도면 얼마나 정밀할까? 오차가 천만 분의 1kg이다. 0.0000001kg, 즉 $100\mu g$까지 정확하게 측정할 수 있다고 한다.

특히 키블저울은 워낙 정밀하다 보니 사람이 느끼지 못하는 건물의 미세한 진동도 측정에 영향을 미친다. 그래서 연구팀은 상대적으로 진동이 적고 고요한 지하로 연구실을 옮겼고 바닥에 진동의 영향을 줄이기 위해 거대한 콘크리트 블록을 깔고 그 위에서 작업을 하는 수고도 마다치 않았다.

키블저울이 등장하면서 세계의 질량 표준은 130년 만에 마침내 바뀌었다. 현재 키블저울을 이용해 구현한 세계 최고 수준의 불확도는 약 1×10^{-8} 수준으로 캐나다, 미국만이 구현하고 있다. 하지만 두 나라 사이 결과의 불일치가 존재하고 있는 만큼 국제비교 절차가 계속 진행되고 있다. 지난 2020년 첫 번째 국제비교를 위한 회의가 열렸다. 여기에는 아무나 참가할 수 있는 것은 아니다. 그만큼 해당 국가의 수준 높은 키블저울 정확도가 필요한데 우리는 순수한 국내 기술로 불확도 10^{-7} 이하를 구현한 만큼 캐나다와 미국, 중국, 프랑스, 국제도량형국(BIPM) 등 5개 표준기관이 참여한 국제비교 회의에 키블저울을 갖고 참가하는 영광을 안았다. 특히 중요한 것은 우리나라는 미국, 캐나다 등 표준 분야 선진국에 비해 30년 이상 늦게 시작한 연구지만 지금은 대등하거나 더 우수한 결과를 얻었다는 것이다.

세계에서 가장 정확한 1kg을 찾는 사람들, 플랑크상수질량팀

출처- KRISS

변하지 않는 상수를 이용해 질량을 측정하는 키블저울을 이용해 1×10^{-8} 수준의 불확도를 확보하면 질량 측정의 장기적인 안정성과 신뢰성을 보장할 수 있게 된다. 일상생활에는 작은 질량 차이가 아무 영향을 미치지 않지만, 불변의 단위는 미래 과학기술과 산업의 발판을 마련하는 가장 기본적인 준비이다. 키블저울을 통해 확보한 기술력을 토대로 반도체와 제약 분야 등 첨단 산업에서 극미세량의 질량까지도 정확히 측정한다면 우리의 경쟁력은 크게 올라갈 것이다.

"그동안은 원기를 보관하고 있던 프랑스가 질량 기준을 이끌었지만 앞으로는 키블저울을 개발하는 국가가 그 역할을 담당하게 될 것이다. 질량 표준에서의 기술 종속국이던 우리나라가 30년의 역사를 한순간에 뒤집고 기술 주도국으로서 우뚝 설 것이다."

한국표준과학연구원 연구팀은 당찬 포부를 밝히며 오늘도 대한민국 과학의 내일을 향해 달리고 있다.

✦ 반세기를 극복한 대한민국 우주개발, 세계가 놀라다

대전시 유성구 한국항공우주연구원 전경

출처- KARI

그동안 우주개발은 먼 나라 얘기였다. 러시아가 세계 최초로 스푸트니크 인공위성을 우주에 올리자 미국은 1969년 아폴로 11호를 달나라에 보냈다. 이후 우주정거장을 만들어 우주인이 오가는 시대가 됐다. 가까운 일본도 1980년대 인공위성을 마음대로 쏘아 올릴 수 있는 우주발사체를 만들었고 중국도 달과 화성탐사에 나서고 있다. 그렇다면 우리는 어떨까? 1990년대 들어서야 젊은 대학생들이 과학 위성을 만들었을

뿐이다. 그러나 2000년대 들어 그야말로 눈부신 성장을 하고 있다. 세계에서 가장 정밀한 관측 능력을 가진 아리랑 3호 등 수많은 인공위성과 우주발사체를 독자 개발하는 시대를 열었다. 하지만 이건 어느 날 갑자기 뚝 떨어진 기술이 아니다. 대덕연구개발특구 한국항공우주연구원에서 피와 땀을 흘린 연구원들의 노력이 있었다. 그리고 여기엔 믿을 수 없는, 눈물 없이는 들을 수 없는 사연이 많다.

1) '태극기 설움'을 딛고 일어선 인공위성 기술… 정상에 서다

우리나라는 우주 선진국일까? 엄밀히 말하면 아직은 아니다. 그러나 우주로 향하는 대한민국의 기술 발전은 정말 놀라울 만큼 빠르다. 마치 영국프로축구리그(EPL) 경기에서 상대의 뒷공간을 찾아 달리는 '손흥민'처럼 말이다. 대한민국 우주 기술 발전의 놀라운 속도전은 세계에서 우리를 객관적으로 평가하는 내용이다.

우리나라의 우주개발은 박정희 정권 시절 유치 과학자였던 故 최순달 전 카이스트 인공위성센터 소장과 그의 제자들이 시작한 우리별 과학 위성의 제작과 발사부터 시작된다. 당시 최 소장은 자비를 들여 제자 10여 명을 영국 서리 대학교에 유학을 보내 현지 연구진과 우리별 1호 위성을 만들도록 했고 그들의 기술을 배우도록 했다. 그리고 여기서 배운 것을 바탕으로 우리별 3호까지 국산화했다. 이후 인공위성을 직접 설계하고 제작, 시험한 뒤 발사까지 담당하는 우주 기업 쎄트렉아이로 이어졌고 해외에 위성 시스템 자체를 수출하는 국가로 성장했다. '대한민국 우주개발의 아버지' 최순달 박사와 '우주 영맨'들의 활약이 없었다면 아마 스페이스 코리아의 꿈은 절대 이뤄지지 않았을 것이다.

우리별 1호 시험 장면

출처- 쎄트렉아이

우리별 시리즈 인공위성의 성공을 토대로 정부는 한국항공우주연구원(KARI)을 통해 우리별 위성과는 활용 목적과 크기가 다른, 실용 위성인 아리랑 1호 개발을 시작한다. 우리 항우연과 미국의 우주 기업인 TRW사가 공동 개발 형태로 해상도 6.6m급 위성인 아리랑 1호를 제작하기로 한 것이다. 하지만 말이 공동 개발이지 실용 위성 개발 경험이 전무한 우리로서는 일방적으로 그들의 노하우가 필요한 상황이었다. 지금부터는 우리 연구진의 고통과 환희에 관한 이야기다.

위성시험동에 초대형 태극기가 걸린 까닭

한국항공우주연구원 우주시험실. 아주 복잡하고 섬세한 실험 과정을 통해 대한민국 인공위성이 탄생하는 곳이다. 우주시험실은 유리 벽면을 통해 내부를 볼 수 있어서 방문자들의 인기 견학 코스다. 진짜 인공위성을 볼 수 있기 때문이다. 그런데 시험실을 둘러본 방문객들이 하나같이

작은 과학 마을 대덕의 반란

궁금해하는 것이 있다. 시험실 벽마다 걸려 있는 대형 태극기에 대해서다.

우주시험실에는 시험 내용에 따라 여러 방이 있고 어김없이 대형 태극기가 걸려 있다. 큰 태극기는 가로 8m, 세로 5.3m에 달하는 만큼 벽면의 상당 부분을 차지하고 있어서 마치 태극기가 인공위성이 제작되는 과정을 내려다보고 있다는 느낌이 든다.

우주시험실마다 왜 이렇게 큰 태극기가 걸리게 된 것일까. 사연은 아리랑(다목적실용위성 위성) 1호 개발 당시로 거슬러 올라간다. 아리랑 위성 1호는 1999년 발사한 해상도 6.6m급의 우리나라 최초의 실용급 지구관측 위성이다.

항공우주연구원 전자파시험실에 대형 태극기가 걸려 있다.

출처- KARI

천리안 위성 2B호 시험실에도 대형 태극기가 걸려 있다.

출처- KARI

1990년대 초 지상 관측 부문에서 인공위성의 활용성은 급격히 확대되고 있었고 이와 관련된 시장도 크게 성장하고 있었다. 게다가 우리는 속살을 자세히 들여다봐야 할 북한이라는 상대가 있었다. 하지만 당시 우리나라에는 지상 정보를 제대로 획득할 만한 관측 성능을 갖춘 인공위성을 갖지 못했고 개발할 능력도 없었다.

1993년 항공우주연구원의 연구진들은 김영삼 당시 대통령에게 인공위성 개발 사업의 필요성을 보고했고 김 전 대통령은 연구진의 계획을 흔쾌히 밀어줬다. 산업 기술 분야의 대통령 승인 사업 1호로 지상 관측이 가능한 인공위성 개발 사업이 시작된 것이다. 바로 다목적실용위성, 즉 아리랑 위성 1호 개발이다.

작은 과학 마을 대덕의 반란

아리랑 1호 위성 상상도 CG

출처- KARI

개발 목표는 빌딩이나 도로 등을 명확히 구분할 수 있을 정도의 해상도를 갖춘 위성을 만들어 내는 것이었다. 항우연이 1989년에 설립됐고이 보고가 이뤄진 시점이 1993년이었으니 항우연은 사실상 이런 위성을 개발해 본 적도, 위성을 만들 시설도 전무한 상황이었다. 아리랑 1호의 개발계획은 너무나 무모하고도 도전적인 것이었다.

독자적으로 불가능한 목표였기 때문에 해외 위성제작 회사의 도움을 받기로 했다. 외국 기업과 공동 개발하면서 기술을 습득하자는 전략이었다. 협상 끝에 미국의 TRW란 위성제작 업체가 협력 대상으로 선택됐다. TRW가 이미 만든 경험이 있는 위성을 우리 연구진과 다시 공동 개발하면서 위성 제작 기술을 전수한다는 계약이 이뤄졌다.

TRW는 설계 비용 등을 아낄 수 있고 우리로서는 검증된 위성을 얻으면서 기술까지 전수받을 수 있는 윈-윈(Win-Win) 방법이었다.

1999년 아리랑 1호 발사 전 연구진들이 포즈를 취했다.

출처- KARI

TRW는 미국에서도 손꼽히는 우주 기업이었다. 하지만 당시 미국 정부의 방위계획 축소 방침에 따라 수천 명을 감원하는 등 경영 여건이 크게 악화된 상황이었다. 이 사업은 사실 TRW에게 크게 매력적인 건 아니었다. 예전 같았으면 기술 전수가 포함된 이 계약에 관심이 없었을 테지만 재정난을 겪고 있던 당시 상황에선 남을 주기엔 아까운 일감이었다. 어쨌든 우리는 세계 최고의 기술과 경험을 가진 회사로부터 기술을 배울 수 있는 기회를 잡은 것이었다.

너희는 그냥 보기만 해

TRW와 제작하는 건 똑같은 위성 2기였다. 하나는 기술 습득용 모델이고 다른 하나는 실제 우주 궤도에 올라가게 될 비행모델이다. 연습용과 실전용. 목적은 달랐지만 두 개의 위성은 완전히 동일한 것이었다. 두 위성의 개발 책임은 서로 바꿔 가면서 맡기로 했다. 한 번은 TRW가 개발을 주도하고 조립과 시험도 현지에서 하며 다른 한 번은 역할을 바꿔 우리가 주도하고 조립과 시험도 한국에 새로 마련한 우주시험동에서 진행하는 것이었다.

이런 방식은 쉽게 합의됐지만 어떤 위성에 대한 개발 책임을 지느냐의 문제에서는 서로 생각이 달랐다. 우리는 더욱 도전적이면서 기술 습득을 더 빨리할 수 있도록 실제 비행모델을 맡겠다는 입장이었다. 그러나 TRW는 실제 발사모델은 자신들이 책임을 가져야 한다고 강하게 주장했다. 한국은 사실상 위성 제작 능력이 없고 새로 지은 조립시험실에서도 예기치 못한 여러 문제가 발생할 수 있다는 이유에서였다. 실제 사용해야 할 위성을 기술력이 있는 TRW에서 담당해야 한다는 논리는 물리치기 어려운 주장이었다. 위성은 한번 발사되면 고칠 수도 없기 때문에 개발할 때 기술적인 완성도가 중요했다.

그러나 우리 입장에서는 위성을 사용하는 것도 중요하지만 위성을 제작할 수 있는 능력을 조속히 확보하는 것이 무엇보다 급했다. 항우연 연구진은 정면으로 맞섰고 결국 TRW를 설득해 우리의 입장을 관철시켰다.

이에 따라 1997년부터 기술 습득용 모델의 조립이 미국에서 시작됐다. 우리 연구진 50여 명이 미국 캘리포니아의 TRW사에 파견됐다. 명목상 공동 작업이지만 사실상 TRW로부터 위성 조립 절차와 방법을 배우는 과정이었다. 부품 하나하나가 다 중요한 의미를 가졌고 각별한 주의와 안전 수칙은 필수적이다. 그러다 보니 TRW는 우리 연구원들이 위성체에 접근하는 것을 필요 이상으로 경계했다. 잘 모르는 한국인들이 작업을 망치지 않을까 하는 과도한 걱정이 표출됐던 것이다. 알게 모르게 우리 연구진을 무시하는 분위기가 역력했다.

우리 연구진과 TRW 엔지니어들이 대립하는 일도 자주 발생했다. 우리 연구원들은 어떻게든 자료 하나라도 더 확보하려고 했고 TRW는 서로 약속한 것 외의 기술 유출에 대해 매우 민감하게 반응했다. 우리 연구진이 이것저것 물어보면 늘 이리저리 돌린 답이 돌아왔다. 심지어 계약서를 들이밀면서 "네가 물어본 질문에 대해 내가 답해야 하는 이유가 계약서 어디에 있는지 찾아오면 말해 주겠다"고 야박하게 구는 일까지 있었다. 결국 갈등은 커져 갔고 얼굴을 붉히는 일까지 벌어지기도 했다. 사업 초반 이런저런 불협화음 속에서도 아리랑 1호 시험용 모델의 개발은 하나씩 진행되고 있었다.

성조기보다 낮게 걸린 태극기

시험용 아리랑 1호의 조립·시험이 중반을 지날 즈음 우리 연구원들 사이에서 한 가지 제안이 나왔다. 우리 최초의 실용 위성을 개발하는 역사적 의미가 큰 작업인 만큼 태극기를 걸어 놓고 일하자는 의견이었다. TRW와 갈등을 겪으며 기술 없는 국가의 서러움을 견뎌 내야 했던 우리 연구원들은 대찬성이었다.

즉시 TRW 연구진에게 조립실 내에 태극기를 걸자고 제안했다. 하지만 TRW는 무척 당혹스러워하며 손사래를 쳤다. 다른 나라 국기를 자기네 건물 내에 걸어 본 적이 없다는 것이었다. 다만 협력 상대의 제안을 무시할 수도 없던 TRW는 검토하겠다고 하더니 무려 1달이나 지나 답이 돌아왔다. 우리 측 제안을 수용하겠다는 것이었다.

그러나 며칠 뒤 출근한 우리 연구원들은 아연실색했다. 태극기와 성조기가 함께 걸렸는데 태극기가 성조기보다 60cm 정도 낮은 위치에 걸린 것이다. 우리를 얕보지 않고서는 있을 수 없는 일이었다. 우리는 즉각 항의했다. 그러자 TRW는 태극기를 고쳐 다는 대신 양 국기를 모두 떼어 버리는 황당한 조치를 취했다. 성조기와 태극기는 동일 선상에 있을 수 없다는 것이었다.

우리 연구원들은 매우 불쾌했지만 TRW 측에 파트너로서 존중해 달라며 태극기를 다시 게양해 줄 것을 요청했다. 결국 TRW의 위성 조립실에는 사상 처음으로 성조기와 타국 국기인 태극기가 같은 위치에 게양됐다.

한 연구원의 제안으로 시작된 태극기 걸기였지만 우리 연구진들에게 태극기는 물러설 수 없는 자존심이었다. 그리고 끝없는 설득과 치열한 기술 습득으로 그 자존심을 지켜 낸 것이었다.

한국 우주시험실에 당당하게 내걸린 태극기

미국에서 연습을 마친 우리 연구진은 실전을 위해 곧바로 귀국했다. 바로 다음 달부터 대전 항우연에 새로 갖춘 우주시험동에서 아리랑 1호 비행모델의 조립·시험이 시작됐다. 우리가 모든 책임을 져야 했기 때문에 연구진들은 극도의 긴장 상태였다.

앞서 TRW에서 시험용 모델의 조립·시험이 진행되는 사이 항우연 우주시험동에서는 국내에서 제작된 위성 부품 38종에 대한 시험이 미리 수행됐다. 우주시험동은 국내에 처음 만들어진 것이라 운영 경험이 없었다. 연구진은 실제 위성 대신 모형물을 만들어 밤낮 주말 없이 실험하며 시험설비를 안정화시켰다.

항우연 우주시험동에 태극기가 걸린 건 바로 이때였다. 기술 부족으로 타지에서 겪어야 했던 서러움들, 특히 우리가 돈을 내고 기술을 배우는 입장이면서도 태극기조차 제대로 걸기 어려웠던 그 울분을 이겨 내고 반드시 우리 땅에서 우리 위성을 만들어 내겠다는 각오를 커다란 태극기에 담아 우리나라 위성시험실에 게양한 것이다.

아리랑 2호 연구진이 열진공챔버 실험실에 대형 태극기를 걸어 놓고 시험 중이다.

출처- KARI

　이런 일을 겪은 뒤 우리 연구진들은 위성 발사를 위해 해외에 나갈 때면 항상 외국의 발사장 위성 조립실에 태극기부터 걸고 작업을 시작하는 전통을 만들었다.

　태극기를 가슴에 품은 아리랑 1호는 1999년 12월 21일에 미국 반덴버그 공군기지에서 토러스 로켓을 타고 발사에 성공했다. 아리랑 1호는 지상 고도 685km에서 임무기간 3년을 넘겨 8년 이상 운영하고 2008년 2월 공식적으로 퇴역했다.

　아리랑 1호 개발 경험을 바탕으로 우리 연구진들은 국내 주도로 1m급 고해상도 지구관측 위성인 아리랑 2호(공식명칭은 다목적실용위성 2호) 개발에 도전했다. 아리랑 1호 해상도 6.6m에 비해 무려 40배 이상 해상도가 좋은 위성 개발에 나선 것이다. 기술 도약을 위한 또 한 번의 무모한 도전이었다. 현재 우리나라는 세계 6, 7위권의 위성 개발 능력을 보유한 인공위성 강국으로 평가받는다.

아리랑 1호와 태극기의 에피소드는 기술을 가진 자들이 아무리 인색하게 굴어도 결국 해내고야 마는 대한민국 과학기술자들이 쌓아 올린 또 하나의 성공 신화였다.

2) 위성 해상도, '개구리 점프'하다

아리랑 1호가 개발된 뒤 곧바로 아리랑 2호 사업이 시작됐고 1호 사업에 참여한 연구진이 그대로 2호 개발팀으로 타이틀이 바뀌었다. 당시 북한의 대포동 미사일 발사로 어수선했던 시절인 만큼 정부의 강력한 드라이브 아래 아리랑 2호의 개발은 돛을 올렸다.

문제는 아리랑 2호가 구현할 해상도였다. 정부가 원한 것은 해상도 1m, 즉 우주에서 지상을 봤을 때 차량 종류까지 식별할 수 있을 만큼 정밀한 위성을 만들라는 것이었다. 도무지 말이 되지 않는 황당한 명령이었다. 왜냐하면 아리랑 1호 해상도가 6.6m였고 그것도 미국 TRW가 주도한 것이었는데 곧바로 정밀도가 40배가 더 뛰어난 위성을 독자 개발하라니 말이다. 게다가 당시 1m 해상도를 가진 위성은 극소수 첩보 위성을 제외하면 상업 위성인 미국의 '이코노스(IKONOS)'가 유일했다.

걸음마 기술로 세계 최고 수준을 만드는 건 불가능하다는 의견이 지배적이자 정부와 연구진은 일단 4m급 우주카메라를 가진 관측 위성을 독자 개발한 뒤 다음 모델로 1m 위성으로 가자는 데 합의했다.

너희는 결코 만들 수 없다

하지만 하루가 멀다 하고 미사일을 쏘아대는 북한과의 대치 등 긴박하게 돌아가는 극동의 정세 속에 다시 해상도 1m 개발론이 대두됐다. 국가적 필요성 앞에 실현 가능성 여부는 더 이상 고려사항이 아니었다. 그러자 연구진들의 가슴 속에는 어차피 이렇게 된 거 한번 해 보자는 의지가 불타올랐다.

아리랑 2호 상상도 CG

출처- KARI

난상토론을 벌여 외국과 협력하는 모델이 채택됐다. 100% 독자 기술로 위성 본체와 해상도 1m의 카메라탑재체를 개발하기는 무리인 만큼 일부 부족한 건 해외의 기술 자문을 받자는 것이었다. 당시 유럽의 우주 기업 EADS의 자회사인 아스트리움과 앞서 아리랑 1호 때 파트너였던 미국의 TRW가 협력대상으로 올랐는데 연구진이 사실 마음에 둔 것은 미국 TRW였다. 아리랑 1호 개발을 함께한 경험이 있던 만큼 협력 관계에 편할 것이란 판단 때문이었다. 그러나 뜻밖에 TRW는 거부했다. 우리가 주도하는 방식으로는 함께할 수 없으니 앞선 경우처럼 자신들이 주도하고 한국은 따라오라는 것이었다. 여기서 TRW 인사로부터 우리 우주개발사에 두고두고 회자되는 유명한 한마디의 말이 나온다.

"너희는 결코 1m 위성을 만들 수 없다."

마음은 아프지만 부정할 수 없는 사실이었다. 하지만 그들은 겉으로 드러난 기술력만 보았을 뿐 가슴속에서 타오르는 우리 연구진의 열정을 간과하고 있었다. 열정은 더 빠른 기술 진보로 이어질 수 있는 가장 큰 무기였다.

한국 연구진은 파트너를 유럽 아스트리움사와 이스라엘의 엘롭사를 선택했다. 그리고 위성을 우주에 실어다 줄 발사체는 다국적 기업 유로콧사로 선정하는 한편 대덕연구단지의 다른 연구소들과 협업체계에 들어갔다.

작은 과학 마을 대덕의 반란

이스라엘에서의 아찔한 추억

특히 이스라엘에서는 결코 잊지 못할 경험도 많았다. 당시 항우연 연구팀은 이스라엘 엘롭사와 위성카메라를 공동 개발하기 위해 현지에 3년여 파견을 갔는데 연인원 100여 명, 엘롭 연구실에는 늘 10여 명이 상주했다.

당시 이스라엘은 주변 아랍국과 수시로 전쟁 상황이 벌어졌다. 이스라엘과 이라크 사이 전쟁이 초읽기에 들어갔다는 소식이 전해졌다. 이스라엘 정부는 생화학전에 대비하라며 자국민들에게 방독면을 지급하기 시작했고 외국인들에게는 출국을 통보했다. 탈출 러시가 시작된 것이다.

우리 연구진이 파견됐던 이스라엘 엘롭사의 광학카메라 실험실

출처- KARI

선진국들은 전세기를 동원해 자국민들을 철수시켰지만 우리 연구진은 떠날 수 없었다. 위성에 탑재할 카메라 개발이 늦어지면 아리랑 2호의 전체 위성 제작 기간도 지연되기 때문이었다. 가족과 함께 머물던 연

구진들은 일단 가족들만 한국으로 돌려보내고 자신은 시험실에서 엘롭 직원들과 함께 방공호로 대피하는 훈련을 해 가며 만일의 사태에 대비했다.

그 무렵 한국의 항우연 본원에서 연구진에게 뭔가 공수됐다. 독일제 고성능 방독면이었다. 전쟁의 위험을 피해 모두 돌아간 그곳에 더 남아 카메라 개발을 앞당기라는 무언의 요구였다. 연구원들은 당시 한편으로는 방독면을 전해 준 본원이 고맙기도 했지만 솔직히 야속한 마음이 더 컸다고 전하기도 했다.

연구진은 버틸 수 있을 때까지 최대한 버티면서 일을 진척시켰다. 또 시리아 접경 지역 등 개발 관련 현장들을 방문하는 등 위험을 무릅쓰고 일에 매달렸다.

결국 해상도 1m급의 전자광학카메라를 완성해 위성본체에 무사히 장착할 수 있었다.

마침내 2006년 7월 28일 러시아의 플레세츠크 공군기지에서 한국이 주도한 해상도 1m의 아리랑 2호는 힘차게 우주로 올랐고 대한민국의 눈과 귀 역할을 톡톡히 해냈다. 그리고 여기서 끝이 아니었다.

2006년 7월 28일 아리랑 2호가 러시아 플레세츠크에서 발사됐다.

출처- KARI

　　　　　　　　　　　　작은 과학 마을 대덕의 반란

이후 관측용 광학카메라를 탑재하는 아리랑 3호 개발이 이어졌는데 해상도는 0.7m로 정해졌다. 1999년 아리랑 1호 6.6m, 그리고 2006년 아리랑 2호 1m에 이어 아리랑 3호는 0.7m로 또 하나의 개구리 점프가 이뤄진 것이다. 아리랑 3호에 탑재된 광학카메라는 지상 685km 상공에서 지상의 70cm 크기를 최소 단위로 인식한다. 이 정도 수준이면 선진국의 첩보 위성과 견주어도 손색이 없다. 2012년 아리랑 3호도 무사히 우주에 올랐다.

아리랑 2호가 촬영한 두바이 팜 아일랜드

출처- KARI

아리랑 2호가 촬영한 독도

출처- KARI

아리랑 3호가 촬영한 파리 에펠탑 일대

출처- KARI

작은 과학 마을 대덕의 반란

아리랑 3호가 촬영한 미국 필라델피아 공항

출처- KARI

아리랑 3호가 촬영한 런던 올림픽 경기장 일대

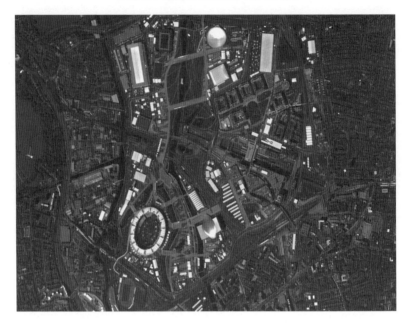

출처- KARI

이후 2015년 발사된 아리랑 3A호는 0.55m급으로 다시 해상도 신기록을 썼다. 그리고 적외선 센서, 열을 감지해 물체를 탐지하는 센서도 장착됐다. 즉 낮에는 고성능카메라로 지상을 살피고 야간에는 적외선 센서로 탐지하니 전천후 위성이라고 할 수 있다. 이런 위성들은 재난재해에서 더욱 큰 위력을 발휘한다.

작은 과학 마을 대덕의 반란

출처- KARI

　여기에 아리랑 5호라는 특수한 위성도 개발해 2013년 러시아에서 발사했다. 위성에는 영상레이더(SAR) 탑재체가 있는데 레이더를 이용해 지상에 마이크로파를 방사한 뒤 돌아오는 신호를 합성해 영상을 만들어 내는 것이다. 따라서 비나 눈 같은 악천후에도 촬영할 수 있고 밤에도 물론 가능하다. 영상레이더 위성이 해상도 1m급이라 국가의 안보 자산으로 활용되고 있다. 그리고 여기서 한 단계 더 진보한 아리랑 6호 개발로 이어졌다.

아리랑 5호 위성 제원

출처- KARI

영상레이더 위성 아리랑 5호의 임무 수행, 악천후에도 사물을 촬영할 수 있다.

출처- KARI

세계적인 베스트셀러인 조지오웰의 『1984』에 나오는 '빅브라더'는 보지 못하는 것이 없다. '빅브라더'는 권력을 가진 이들이 세상을 모두 감시하는 것을 표현하는 말로 자주 쓰이는데 적어도 우주 분야에서 우리 인공위성이 그렇다. 0.55m급의 광학 위성과 적외선 위성, 그리고 영상 레이더 위성까지 모든 종류의 위성을 우리는 갖고 있다. 산업적 목적이나 기상관측, 환경 감시 등은 물론 군사적 목적에서도 이웃 일본에 절대 뒤지지 않는 우주 전력을 가진 것이다.

1999년 "너희는 결코 만들 수 없다"는 TRW의 말은 우리 연구진에 강한 자극이 됐고 이후 우리는 세계 6, 7위권 우주강국으로 도약했다. 누가 봐도 기적 같은 일이다. 하지만 정확하게는 우리 연구진의 열정이 만들어 낸 작품이라고 보는 게 더 맞을 것이다.

국내 위성 개발 역사

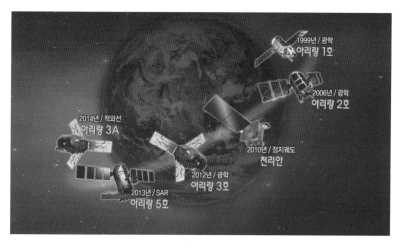

출처- TJB

3) 대한민국, 우주에서의 '눈과 귀'를 만들다

아직은 먼 2030년 8월의 이야기.

국내 첫 유인 우주선인 '나라호'를 타고 목성탐사에 오른 우주파일럿 공군 소령 김
표준 씨. 결혼을 앞두고 있었지만 그는 일생일대의 우주탐사 기회를 놓칠 수 없어
우주파일럿 선발공모에 지원했다. 그가 목성탐사를 무사히 수행한 뒤 3개월 만에
지구로 돌아오는 도중 안타깝게도 '나라호'는 지구 대기권에 진입하다 기체 이상으
로 폭발하고 만다. 김 소령은 죽은 듯 보였다. 그러나 '나라호'의 폭발시점을 분석
한 결과 김 소령은 긴급탈출했고 몽골 고비 사막 어딘가에 있을 것으로 추정됐다.
일교차만 50도 이상 나는 데다 황량한 모래만 가득한 광활한 지역인 몽골에서 그
가 살아 있을 가능성은 거의 없었다.

이때 700km 궤도를 돌고 있는 대한민국 정밀 관측 위성이 투입됐다. 그리고 10
분 만에 위성카메라로 김 씨의 위치를 찾았고 그의 얼굴까지 영상에 담아 가족들에
게 전송했다. 타박상만 조금 입은 모습. 만약 비행기로 수색했다면 몇 달이 걸릴 작
업이었고 김 소령은 아마 생사를 달리했을 것이다. 세계 언론은 대한민국의 놀라운
기술력의 승리라고 극찬했고 김 소령은 한 달 뒤 행복한 결혼식을 올렸다.

여기까지 보면 지구 저궤도 관측 위성이 실종자를 찾았다는 얘기쯤으
로 읽힌다. 관측 위성이니까 당연히 그런 역할을 한다. 그러나 조금 더
자세히 보자. 이 위성이 이렇게 쉽게 김 씨를 찾은 원동력은 무엇일까?
바로 위성에 실린 고성능카메라다. 그중에서도 우주의 극한 상황에서도
제대로 작동한 카메라 렌즈, 거울의 역할이 가장 컸다.

〈미션 임파서블〉, 〈에너미 오브 스테이트〉 같은 스파이 영화에서 자주
나오는 장면 중 하나는 인공위성을 이용해 적의 동태를 감시하고 추적
하는 것이다. 이렇게 우주에서 지상을 바라보려면 빛을 모으는 거울, 큰
반사경이 필요하다. 현재 우리나라에서 이런 우주카메라용 광학 거울을
제작할 수 있는 곳이 한국표준과학연구원(KRISS) 우주광학팀이다.

우주에 떠 있는 지상 감시 첩보 위성 / 관측 위성을 활용해 지상의 인물, 물체를 감시할 수 있다.

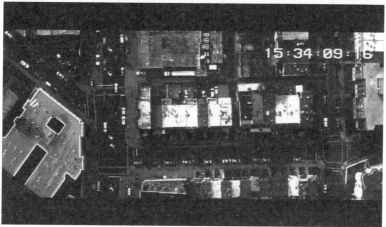

출처- 영화 <에너미 오브 스테이트>

거울을 더 크게 더 정확하게 연마하라

인공위성 후진국이던 우리가 한국항공우주연구원의 주도로 2000년대 중반 아리랑 2호, 아리랑 3호 등 관측 위성을 제작해 일약 선진국의 대열로 올랐다. 여기서 위성의 눈을 담당하는 광학 거울이 중요하다. 바로 한국표준과학연구원의 역할이다.

2004년 순수 국내 기술로 직경 1m급의 초정밀 비구면 광학 거울을 개발했는데 이 거울을 이용하면 600km 상공에서 0.5m의 해상도를 가진 위성카메라를 만들 수 있다. 0.5m, 즉 50cm 크기를 우주에서 볼 수 있다는 것인데 이 기술을 활용해 우리 인공위성은 일본, 북한 등 원하는 곳을 모두 탐지할 수 있게 됐다. 인공위성카메라의 거울, 즉 반사경은 당연히 클수록 더 많은 빛을 모을 수 있어 훨씬 더 좋은 영상을 얻을 수 있다. 여기서 가장 중요한 기술은 비구면을 정밀하게 깎아 내는 기술이다. 다시 말해 표면의 굴곡 오차를 없애 고르게 빛을 받도록 하는 것이 기술의 핵심인 것이다. 당시 2004년 우리 연구팀의 허용 오차는 30nm(나노미터) 이하, 성인 머리카락 굵기의 1/4,000 수준이어야 했다. 이후 연구팀은 직경 2m에 도전했고 형상오차는 20nm로 끌어올렸다. 미국과 프랑스, 러시아에 이은 네 번째 쾌거였다.

표준과학연구원이 연마에 성공한 직경 2m 비구면 광학 거울

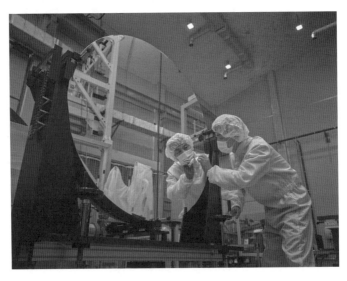

출처- KRISS

작은 과학 마을 대덕의 반란

그럼 처음부터 우리는 이런 기술이 있었을까? 아니다. 우리는 아리랑 2호 위성을 개발하면서 위성카메라의 핵심인 광학 거울 제작을 위해 표준과학연구원에 손을 내밀었다. 당시 책임자는 이윤우 박사, 그는 기술 도입을 위해 미국과 러시아, 프랑스 등에 의사를 타진해 함께 개발할 것을 제안했지만 위성체에 쓰이는 광학 거울은 어느 국가든지 기술 이전을 꺼리는 분야였다. 최첨단 무기로 사용되기도 하는 만큼 각 국가마다 전략 무기 수출 절차에 따라 별도 관리하는 것이었다. 그러자 일단 성공적인 발사가 목표였던 항우연은 기술을 아직 갖지 못한 우리 표준과학연구원 연구팀이 아닌 이스라엘을 파트너로 선택했다.

비구면 광학 거울 개발하는 이윤우 박사와 연구팀

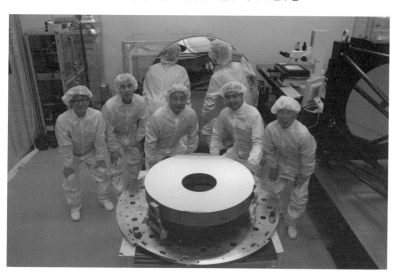

출처- KRISS

이윤우 박사팀은 당시 큰 충격을 받았고 독자 개발에 돌입한다. 국내 기술을 위성에 적용하는 선례를 남기지 못한다면 '안정성'을 이유로 우리 위성에는 계속 외국의 광학 거울이 탑재될 것이기 때문이었다. 그 후 해외 업체를 찾아 벤치마킹도 하고 심지어 국내 일반 유리 관련 업체를 찾아가 견학도 했다. 그리고 실험실의 모든 장비를 국산화했고 손재주가 뛰어난 엔지니어들을 모집해 더 정밀하고 더 빠른 기술을 개발해 마침내 비구면 대구경 광학 거울을 완성하게 된 것이다.

당시 연구팀에는 이런 일도 있었다고 한다. 대형 광학 거울 연마 작업을 하던 연구원 몇 명의 시력이 급속도로 나빠졌다. 작업 환경에서 원인을 찾는 것이 우선이었다. 연마 과정에서 발생하는 분진의 영향이거나 과로로 인한 시력저하 등이 원인으로 떠올랐지만 모두 직접 관계는 없었다. 나중에 밝혀진 원인은 뜻밖이었다. 연마 작업에 사용되는 조명은 나트륨전등과 수은등이 있는데 수은은 측정하는 상을 선명하게 보여 주지만 인체에 해가 돼 가능한 적게 쓰도록 규정돼 있었다. 그러나 담당연구원은 더 정확한 작업을 위해 그동안 몰래 수은등을 사용한 것이었다. 그러다 보니 자연스럽게 일정 시간 자외선에 노출돼 시력이 나빠진 것이었다.

광학 거울의 크기와 성능에 따라 해상도가 달라진다. 비행기 영상 비교

출처- KARI

　　　　　　　　　　　　작은 과학 마을 대덕의 반란

연구팀은 이후 천문연구원에 있는 직경 600mm, 700mm 대형 망원경을 제작해 가장 중요한 '납품 실적'을 남겼고 이후 지름 800mm의 광학거울을 개발해 아리랑 3호 위성에 공급했다. 그 후 마침내 직경 2m의 초대형 광학 거울을 연마하는 데도 성공했다. 이 정도면 첩보 위성에 탑재돼도 전혀 손색이 없는, 세계 톱 수준이었다.

거대마젤란망원경(GMT)에 참여하다

이미 세계 수준에 도달한 연구팀은 마침내 우주공간의 허블 망원경보다 더 큰 일명, 거대마젤란망원경(GMT) 사업에 참여하기로 하고 광학 거울 제작에 나서고 있다. 미국 등 선진국들이 주도하는 거대마젤란망원경 개발 사업은 반사경의 지름이 25m이고 높이는 38m, 무게는 천톤이 넘는 어마어마한 망원경을 칠레 라스 캄파나스 천문대에 설치하고 우주의 기원을 연구하는 국제협력 사업이다. 실제 관측은 2020년대 후반에 이뤄질 전망인데 여기에 역사가 일천한 우리 우주광학연구팀이 참여한다는 것은 정말 대단한 일이 아닐 수 없다. 거대마젤란망원경은 8.4m의 반사경 7개를 벌집모양으로 배치하는데, 표준연구원이 맡은 것은 직경 1m짜리 9개로 이뤄진 보조 망원경 개발이다. 그만큼 우리 연구팀의 기술은 세계적으로 인정받고 있다.

연구팀이 공들이고 있는 또 하나의 도전은 우주용 조각 거울을 만드는 것이다. 거대마젤란망원경이 지구에서 우주의 비밀을 관측하기 위한 기술이라면, 우주용 조각 거울은 우주에서 지구를 더욱 정확하게 관찰하기 위한 기술이다.

지금보다 더 정밀한 초고해상도 영상을 얻으려면 관측 위성의 반사경이 직경 3m 이상으로 커야 하는데 문제는 3m 이상의 반사경을 우주로 보내는 일이 만만치 않다는 점이다. 로켓에 실을 수 있는 위성의 크기는 제한될 수밖에 없기에 반사경 역시 원하는 만큼 크게 만들 수 없다.

그래서 등장한 것이 조각 거울. 반사경을 로켓의 부피에 맞게 접은 상태로 발사한 후 우주에 도착하면 펼쳐서 사용하는 것이다. 반사경을 접은 채로 우주로 보내면 부피 문제도 해결되고 우주 궤도에서 다시 펼쳤을 경우 초고해상도 영상을 얻을 수 있는 크기로 커지니 여러모로 득이 많은 기술이다. 힘들지만 지금까지 그랬듯 우리 연구팀의 도전은 성공할 것이라 확신한다.

인공위성과 로켓 제작, 광학 거울 제작 기술…. 모두 우리가 무에서 유를 창조하는 과정을 거쳤다. 어렵지만 우리가 가야 하는 이유는 간단하다. 외국의 것을 사 오면 좋겠지만 이미 선진국은 전략 기술이란 이유로 이전을 꺼리고 있다. 설사 제품을 우리가 사 올 수 있다고 하더라도 한 번 기술을 받는다면 계속 종속되는 악순환이 될 수밖에 없다. 결국 '자주적인 국가 안보'를 위해 어차피 가야만 하는 것이다.

아무리 힘들어도 결국 우리 손으로 해야 하는 일. 그리고 묵묵히 최선을 다하는 연구진의 땀은 배신하지 않고 영광의 현장에서 차츰 결실을 맺어 가고 있다.

표준과학연구원 연구진이 조각 거울을 연마하고 있다.

출처- KRISS

작은 과학 마을 대덕의 반란

✦ 생활 속 작은 혁명을 이루다

3분 컵라면, 음주측정기, 사이코패스를 알아보는 방법…. 이 모든 것은 과학이다. 우리 주변을 둘러보면 어느 하나 과학기술의 힘으로 탄생되지 않는 게 없다. 과학은 우리 생활을 더욱 풍요롭고 윤택하게 만든다.

그리고 때로는 히트상품을 만들기도 한다. 과학과 히트상품, 어울리지 않는 두 단어를 가장 잘 어울리는 단어들로 만들어 준 놀라운 이야기가 여기 대덕특구에 살아 숨 쉰다. '옥시크린'과 '불스원샷' 혹시 이 두 제품이 국책 사업으로 만들어진 우리 과학기술이라면 믿을 수 있을까? 그런데 모두 사실이다. 생활 속 혁명 스토리가 지금 시작된다.

1) 빨래 끝~ '옥시크린'의 고향은 대덕

㈜삼천리와 함께 1984년 개발한 활성탄을 비롯해 화학연의 대표성과로 구 동양화학공업을 통해 실용화되어 약 1조 원의 누적매출액을 달성한 '옥시크린'도 정밀화학 연구를 통해 탄생했다.

출처- KRICT

우린 언제부터 빨래를 삶지 않아도 됐을까? 그건 아마도 이 광고에서 답을 찾을 수 있다.

이 광고를 모르는 기성세대는 없을 것이다. 빨래를 삶지 않아도 처음 입었던 그 옷 느낌을 되살릴 수 있다며 주부들의 일손을 덜어 줄 수 있다는 기대감을 안겨 준 표백제 광고. 바로 옥시크린이다. 국내 최초 의류 세탁용 표백제로 1984년 출시된 이후 30여 년 동안 세탁 표백제의 대명사로 불린 옥시크린. 여기엔 대한민국 과학과 과학자들의 노력이 숨어 있다.

산소계 표백제가 등장하기 전까지 세제시장은 '락스'로 대변되는 염소계 표백제가 장악하고 있었다. 그리고 이를 만들기 위한 원료는 전량 수입에 의존했다.

지금은 별세한 당시 동양화학 이회림 회장은 1979년 한국화학연구원(KRICT)에 한 가지 연구를 의뢰한다. 동양화학의 소다회와 과산화수소 원료 공장에서 생산량이 넘치니 이 두 가지를 활용해 뭔가 만들 수 없겠냐는 것이었다. 그리고 연구비로 2,600만 원을 제시했다. 당시로는 엄청난 제안이었다.

곧장 한국화학연구원의 이정민 박사와 연구팀은 표백과 살균 냄새 제거뿐 아니라 옷을 삶지 않아도 옷감 손상 없이 삶은 효과를 내는 고기능성 표백제 제조 기술을 만들기 위해 집중했다. 그렇게 본격적인 세제 개발에 착수한다. 하지만 당시 화학연은 설립 2년 차에 불과했기 때문에 장비나 시설이 변변치 못했다.

연구진은 곧 프랑스의 한 회사에서 만드는 산소계 표백제인 과탄산소다(Sodium percabonate)를 만들어 보자고 제안했다. 당시 산소계 표백제를 만드는 기술은 세계에서 프랑스가 유일했기 때문에 연구진을 초청해 세미나도 열고 특허의 범위를 파악하는 등 연구에 착수했다. 프랑스 회사가 특허를 갖고 있는 고유 기술이 아닌 다른 방법으로 같은 효과를 내기 위해 제조공정에 차별화를 뒀고 이듬해 1월 한국형 산소계 표백제가 탄생했다.

산소계 표백제가 옷을 삶지 않고도 삶은 효과를 낼 수 있는 건 '발생기 산소' 때문이다. 옷이 변색되는 이유는 먼지나 찌든 때 등이 섬유 한 올 한 올과 붙기 때문인데 산소계 표백제를 이용하면 발생기 산소가 일으키는 산화 반응을 통해 섬유 올 속의 찌든 때가 제거되고 원상태로 표백되는 원리다.

산소계 표백제는 친환경적이면서도 에너지 절감 효과가 크다. 기존 유럽시장에서 과붕산나트륨으로 만든 세제가 널리 사용되고 있긴 했지만 환경오염 물질인 붕소를 포함하고 찬물에 용해되지 않아 고온세탁을 해야만 하는 불편함을 가지고 있었다.

하지만 화학연이 개발한 세제는 과붕산나트륨 대신 붕소를 함유하지 않은 과탄산나트륨을 사용해 환경오염 물질 배출 요인을 제거하고 단점이던 저장안정성을 개선했다.

여기엔 물을 정화하는 환경친화적 기능까지 더해졌다. 덕분에 표백제로는 최초로 미국 환경 마크인 그린실까지 획득하는 쾌거를 올렸다.

산소계 표백제 등장과 함께 염소계 표백제 위주의 시장 판도가 바뀌었다. 동양화학은 초기 럭키나 애경 등에 과탄산소다를 납품했고 소비자의 호응이 좋아 독자적인 제품을 내놓기에 이르렀다.

여기서 또 하나 놀라운 것은 화학연이 동양화학에 산소계 표백제 기술을 이전하면서 단 한 푼의 기술 이전료도 받지 않았다는 점이다. 화학연은 설립 당시 박정희 대통령이 지원한 100만 원을 비롯해 각 민간 기업의 출자를 받아 설립된 만큼 연구 성과는 모두 전수하라는 방침이 있었기 때문에 기술 이전료에 대한 생각을 할 수 없었기 때문이다.

생활 속 혁명을 가져온 '옥시크린'은 대덕특구 화학연구원의 높은 기술 수준으로 탄생시켰다는 사실이 이채롭다.

2) 엔진 세정제 '불스파워'도 국책연구원이 만들었다고?

엔진코팅제의 대명사가 된 불스파워

출처- KRICT

자동차 엔진 코팅제 하면 떠오르는 '황소로고'

시장점유율 80%에 육박, 해외 30여 개국에 수출 중인 제품!

이 두 줄만으로도 누구나 "불스원샷!"이라고 외칠 것이다. 그만큼 '불스원샷'은 엔진 내벽을 보호해 주는 제품의 대명사로 불린다. 하지만 출시 당시만 해도 외산 제품 일색이던 시장에서 기술력을 인정받기까지는 어려움이 많았다.

1998년 소위 '마이카' 시대가 열리면서 자동차 엔진 수명연장에 대한 필요성이 간절해졌고 이를 위해 개발된 것이 바로 '불스원샷'이다. 그리고 이 제품 뒤에는 한국화학연구원 그리고 그린화학연구단의 정근우 박사팀이 있다.

지난 1980년대부터 첨가제 연구를 축적해 온 화학연구원은 1982년쯤 자동차 증가에 대비해 엔진오일 첨가제의 국산화 연구를 시작했다. 첨가제 시생산 공장이 만들어졌고 기업연구원도 파견되는 등 연구가 활성화됐다. 이를 통해 축적된 연구는 미국 공인인증제도 안전 등급을 획득할 정도로 기술력을 인정받았다.

하지만 1990년대 중후반 관세가 철폐되면서 값싼 외산 제품들이 쏟아져 들어왔다. 국산 제품은 가격 경쟁력을 잃었고, 덩달아 연구도 난항을 겪었다. 이때 불스원은 화학연의 연구에 주목했다. 미국 시장조사를 통해 엔진보호제의 가능성을 확인했기 때문이다. 이어 화학연 정근우 박사에게 기술 개발을 의뢰했다.

그렇게 시작된 연구는 3년간 이어졌다. 개발 초기에는 시행착오를 겪기도 했다. 당시 미국에서 가장 잘 팔리는 제품을 벤치마킹했지만 결과는 실패였다. 제품에 함유된 염소화 파라핀이 문제였다. 첨가제 원료로 마모 방지 등에 탁월한 효과가 있지만, 인체에 유해한 성분을 배출할 뿐 아니라 축적물이 생기는 문제가 발견됐다.

불스파워에 대해 이야기하고 있는
정근우 박사

출처- KRICT

1년 넘게 수행해 온 연구가 물거품이 됐다. 연구진은 유기 몰리브덴 화합물을 활용하기로 했다. 다소 고가의 물질이었지만 안전한 성분 개발에 집중하기로 한 것이었다. 결과는 좋았다. 유기 몰리브덴 화합물을 활용해 만든 첨가제는 실험에서 우수성을 입증했다. 첨가제로 인한 축적물이 생기지도 않았다.

그렇게 1998년 첫 삽을 뜬 공동 연구는 3년여간의 연구 끝에 화학연이 첨가제 제조 기술 개발에 성공했고, 이후 불스원은 사용자 테스트, 실차 주행 등을 진행했다. 첨가제 주입 전후 물성 변화를 측정하기 위해 1일 1,000km를 주행하기도 했다. 연구에 연구, 테스트에 테스트를 거듭한 불스파워, 불스원샷은 그렇게 국내시장에 안착했다.

3) 사고의 대전환… 땅속에서는 녹지만 찢어지지 않는 비닐

2019년, 플라스틱 쓰레기 처리가 심각한 사회 문제가 되는 가운데 소개된 놀라운 사건이 있었다. 땅속에서 분해가 가능하면서도 잘 찢어지지 않는 친환경 비닐이 개발된 것이다.

바이오플라스틱 기반 생분해성
고강도 비닐봉투 개발

출처- KRICT

본래 비닐봉지에 오랫동안 물건을 넣거나 일정 힘을 가하면 찢어진다는 것은 모두가 알고 있는 사실이다. 어떻게 하면 쉽게 찢어지지 않는 비닐을 만들 수 있을까? 한국화학연구원의 황성연 바이오화학연구센터장과 오동엽, 박제영 선임연구원팀은 이 물음에 고민을 시작했다.

그리고 생분해성 비닐봉지의 잘 찢어지는 문제를 해결할 수 있는 기술을 내놨다. 이 비닐봉지는 놀랍게도 잘 찢어지지는 않지만 땅속에서 분해된다는 실험까지 마쳤다. 그리고 6개월 이내에 100% 미생물에 의해 분해되면서, 기존 비닐봉투보다 1.75배 더 큰 무게를 견딜 수 있는 친환경 비닐봉투를 개발하는 데 성공했다.

비밀은 식물과 동물에서 추출한 생체 물질이었다. 먼저 연구팀은 사탕수수와 볏짚, 옥수수 등의 식물을 이용해 분자 구조가 단순한 일종의 단위 물질을 만들고, 여기에 석유에서 추출한 부산물을 연결해 마치 블록을 길게 만든 것 같은 고분자 물질을 탄생시켰다. 이 물질을 '바이오플라스틱'이라고 한다. 하지만 '바이오플라스틱'은 지하에서 생분해되지만 인장강도가 약해 쉽게 찢어지는 한계가 있었다.

이에 연구진은 목재펄프와 게 껍데기에서 추출한 보강재를 첨가했다. 그러자 놀랍게도 인장강도 문제를 해결할 수 있었다.

왼쪽부터 황성연 박사, 오동엽 박사, 박제영 박사가 자체 개발한 셀룰로오스·키토산 나노섬유 첨가 바이오플라스틱 비닐봉투 시제품을 들고 기념촬영

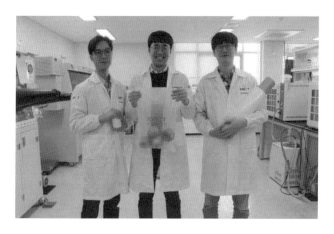

출처- KRICT

목재펄프와 게 껍데기에서 추출한 것은 각각 셀룰로스와 키토산! 이를 화학처리한 후 고압 조건에서 잘게 쪼개 나노섬유가 분산된 수용액을 바이오 플라스틱 제조 시 함께 넣어 기계적 물성을 극대화한 것이었다.

이렇게 만든 새 비닐봉지 인장강도는 65~70MPa(메가파스칼) 정도다. 아마 머릿속에서 쉽게 가늠이 되지 않을 것이다. 무척 질긴 수준으로 낙하산이나 안전벨트 소재로 쓰이는 나일론과 유사하다고 보면 쉽게 이해가 갈 것이다.

게다가 이 비닐은 별도의 항균처리 없이 자체적으로 식품 부패를 방지하는 항균 능력도 갖췄다. 게 껍데기의 키토산 덕분이었다. 대장균에 노출한 후 48시간을 지켜보는 실험 결과 바이오 플라스틱 필름 대장균은 90% 사멸했지만, PP와 PE 필름의 것은 거의 죽지 않았다. 이렇게 누군가의 생활을 편리하게 하면서도 환경을 생각하는 과학은 오늘도 진화에 진화를 거듭하고 있다. 그리고 국민의 세금으로 운영되는 국책연구원인 화학연구원이 그 중심에 서 있다.

3장

그들이 바꾸고 있는 세상

누군가에게 편리함을 제공하고, 누군가의 '내일'을 바꾸는 일…
더 나아가 대한민국을 발전시키고, 지구의 '내일'을 걱정하는 사람들…
대덕특구연구원들은 오늘보다 더 나은 '내일'을 향해 달리고 있다.

✦ 꿈의 에너지를 만드는 사람들

지구의 미래는 에너지에 달려 있다고 해도 과언이 아니다. 인류사는 에너지 발전의 역사와 그 궤를 같이해 왔다. 특히 최근 지구온난화로 인한 기후변화와 에너지 자원 고갈 문제가 계속되면서 에너지의 중요성은 더욱 커지고 있다. 그런 에너지에 도전장을 내민 사람들이 있다. 그들이 만드는 에너지엔 어떤 마음이 숨겨져 있을까?

1) 한국의 인공태양 KSTAR

한국핵융합에너지연구원 전경

출처- KFE

매번 세계신기록을 경신하고 있는 자랑스러운 대한민국의 기술이 있다. 이 기록은 세계신기록이자, 대한민국 한 연구원이 가진 자신들의 기록이기도 하다.

바로 한국핵융합에너지연구원(KFE)에 설치된 초전도 핵융합 연구장치 KSTAR(Korea Superconducting Tokamak Advanced Research, 초전도핵융합연구장치)를 말한다. 이름조차 생소한 KSTAR는 과연 무엇일까? 이를 이해하기 위해서는 먼저 핵융합 에너지에 대해 알아야 한다.

물질을 구성하는 원자는 그 중심에 양성자와 중성자로 이루어진 원자핵이 있고 그 주위를 전자가 돌고 있다. 그런데 초고온에서는 원자핵과 전자가 분리되는 플라스마 상태가 된다. 플라스마 상태의 가벼운 원자핵들은 고속으로 나아가다가 서로 충돌하여 합해지면서 무거운 원자핵으로 변하는데, 이것을 핵융합 반응이라고 한다.

질량과 에너지 사이의 관계를 나타내는 아인슈타인 특수 상대성 이론의 공식 / 알버트 아인슈타인

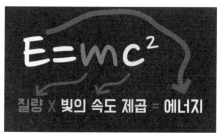

출처- Pixabay

충돌하기 전 두 원자핵을 합친 질량보다 생성된 원자핵의 질량이 더 작다. 이때 사라진 질량은 에너지로 바뀌는데, 질량과 에너지 사이의 관계를 나타내는 아인슈타인 특수 상대성 이론의 공식 'E= mc^2'(E는 에너지, m은 질량, c는 빛의 속도)에 따라 막대한 에너지가 발생한다.

빛의 속도는 대략 3억m/s이기 때문에 만약 50원짜리 동전 한 개 정도의 질량인 4g이 모두 에너지로 변한다면, 공식에 따라 E= 0.004kg ×(3억m/s)2가 되고, 발생하는 에너지는 36×1,010kJ이 된다. 이 에너지는 한 가구

당 평균 전력 소비량이 5,000kWh라고 할 때 인구 8만 명의 도시가 1년 동안 사용할 수 있는 전기 에너지와 맞먹는다.

핵융합 에너지를 내는 가장 대표적인 것이 태양이다. 태양 내부에서는 이런 핵융합 반응이 끊임없이 일어나며 빛과 열을 낸다. 그래서 핵융합 기술을 '인공태양'이라고 부르기도 한다.

핵융합 에너지는 탈탄소 시대를 이끌어 갈 차세대 에너지로 각광받고 있다. 핵융합 연료인 중수소는 바닷물에서 얻을 수 있고, 삼중수소는 리튬이라는 금속원소를 핵융합로 안에서 핵 변환해 얻는다. 바닷물은 사실상 무한하며, 전 세계에 매장된 리튬의 양은 현재 인류가 사용하는 에너지양을 기준으로 무려 1,500만 년 동안 인류 문명을 지탱할 수 있을 만큼 풍부하다.

핵융합 연구에 성공한다면 사실상 무한한 에너지원을 획득하는 셈이다. 게다가 화력 발전이나 원자력 발전이 온실가스나 미세먼지, 방사성 물질과 같은 폐기물을 배출하는 반면, 핵융합 발전은 환경을 해치는 어떠한 물질도 배출하지 않는 청정에너지이기도 하다. 값싸게 그리고 깨끗하게 엄청난 양의 에너지를 얻을 수 있기 때문에 핵융합 에너지는 미래 인류의 운명을 쥐고 있다고 말해도 과언이 아니다.

핵융합 에너지는 태양 에너지의 원리인 핵융합 반응을 통해 에너지를 발생시키기 때문에 탄소를 발생시키지 않아 청정한 에너지로 주목받고 있는 차세대 에너지이다.

이런 핵융합 에너지는 초고온·고밀도의 환경에서 자연스럽게 핵융합 반응이 일어나는 태양과 달리 지구에서는 인위적인 방법을 사용해야 하기 때문에 핵융합장치에 연료를 넣고 원자와 분자가 이온과 전자로 분리되어 있는 플라스마 상태를 만든 뒤 1억도 이상의 초고온으로 가열·유지해야 하는 까다로운 조건을 가진다.

누구도 믿지 않았던 길을 개척하다

처음 한국핵융합에너지연구원이 한국의 태양을 만들겠다고 했을 때, 아무도 믿지 않았다. 하지만 우리는 끊임없이 고민하고, 지치지 않고 도전해 왔다. 그렇게 시작된 도전은 1995년부터 2007년까지 12년에 걸쳐 이어졌고 마침내 2008년 7월 최초로 플라스마를 발생하는 데 성공한다.

한국형 인공태양 KSTAR

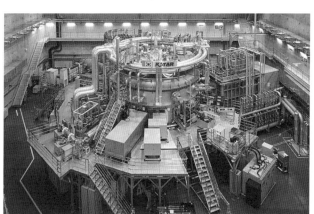

출처- KFE

이는 주요 선진국들이 공동으로 개발하고 있는 국제 핵융합 실험로 ITER 장치와 동일한 초전도 재료로 제작된 세계 최초의 장치다. 이 기술력은 국제 핵융합 공동 연구장치의 핵심으로 주목받고 있으며 매년 핵융합 기술 개발을 위한 플라스마 실험을 수행하고 있다.

KSTAR 장치는 플라스마 발생 이후 본격적인 운영 단계에 들어섰으며, 이후 매년 세계적인 핵융합 연구 성과를 발표하고 있다. 2018년에는 20,000번째 플라스마 실험을 달성했고, 2020년에는 세계 최초로 1억도 플라스마 20초 연속운전에 성공했다. 그리고 2021년 또다시, 30초간 유지하는 데 성공했다.

KSTAR는 플라스마 이온온도 30도를 30초간 유지했다.

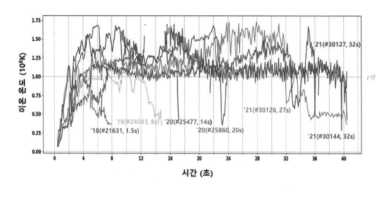

출처- KFE

매번 세계신기록을 경신하는 한국의 핵융합로 KSTAR. 오는 2025년까지 1억도 초고온 플라스마 300초 연속운전을 목표로 달리고 있다. 꿈의 에너지를 향해 가는 한국 핵융합에너지연구원, 그리고 1억도 열정으로 채워진 KSTAR는 한계를 하나씩 뛰어넘으며 미래를 책임질 새로운 청정에너지의 시대를 열어 가고 있다.

2) KSTAR 이경수 박사, 세계의 인공태양을 선도하다

지난 2021년 12월 대덕연구개발특구 한국핵융합에너지연구원에 있는 한국형 인공태양 KSTAR 속 플라스마 이온이 1억 도 이상으로 가열되는 순간 한 과학자는 진한 눈물을 흘렸다. 1억 도는 태양보다 7배 뜨거운 수준이다. 말로 표현할 수 있는 온도는 아니다. 그리고 이 1억 도를 꼭 1년 전인 2020년에는 20초를 유지했지만, 이번에는 30초가 됐다. 세계신기록을 셀프 경신한 것이다. 눈물을 흘린 이는 한국 핵융합 연구의 주역 이경수 박사였다.

한국형 인공태양 KSTAR 장치 정면

출처- KFE

이 박사는 핵융합 기술 연구에 평생을 바친 세계적인 과학자다. 1956년 대구에서 태어난 이 박사는 서울대 물리학과를 나와 미국 시카고대를 거쳐 텍사스대에서 플라스마 물리학 박사 학위를 받고 한국에 돌아왔다. 이때부터 그의 인생의 정체성이며 한국 과학사에 길이 남을 인공태양의 신화를 써 나가기 시작한다. 그는 1991년 귀국해 한국기초과학지원연구원에 자리를 잡은 뒤 미국 MIT대학에서 운영 중이던 'TARA(빛의 신)'라는 대형 플라스마 연구장치를 국내에 이전해 개조 설치하는 '한빛' 플라스마 공동 연구시설 운영 사업을 제안했다. 이후 이 사업은 1992년 시작돼 착수 3년 반인 1995년 6월 '한빛'장치의 준공식을 가졌고 이후 우리나라에서 최초로 초고온 플라스마 연구가 가능하게 됐다. 이 박사는 당시 연구 책임자로서 우리나라의 플라스마 실험 연구의 장을 개척했다.

KSTAR 현장을 방문한 김대중 전 대통령 부부에게 브리핑하는 이경수 박사

출처- KFE

이후 1995년 12월 한국형 인공태양, KSTAR 개발을 위한 핵융합 연구 개발 사업으로 확대됐고 국가 지원을 받는 공식 사업단이 출범했으며 이 박사는 KSTAR 장치의 설계 책임자로 참여한다.

그리고 2007년 9월 14일 KSTAR는 마침내 완공돼 우리나라의 핵융합 연구는 첫 번째 디딤돌을 마련했다. 차세대 기술로 꼽히는 토카막형 핵 융합 연구장치를 국내 기술로 제작한 것으로 이로써 우리나라도 핵융합 에너지 개발에 박차를 가하게 됐다. KSTAR는 높이가 8.6m, 지름이 9.4m 이다. KSTAR의 완성은 저 멀리 뒤처졌던 우리 과학계, 핵융합 분야에서 의 '개구리 점프'를 의미했다.

이 박사는 당시를 이렇게 회생했다.

"10여 년간 저를 비롯한 연구원들의 고생이 서서히 결실을 맺는 것 같아 감회가 남달랐습니다. 특히 아무도 가르쳐 주지 않은 핵 융합로 기술을 우리 손으로 일구기 위해 머리를 맞대고 밤새도 록 실험했던 기억이 떠올라 잠을 이루지 못했습니다."

작은 과학 마을 대덕의 반란

우리나라 핵융합 연구의 역사, 최초의 핵융합 연구장치. 1979년 SNUT-79

출처- KFE

타라(MIT) 연구장치 1992년

출처- KFE

사실 우리의 핵융합 연구는 매우 늦게 출발했다. 지난 1960년대부터 선진국은 핵융합장치 건설과 운영을 시작했지만 우리나라는 걸음마 수준이었다. 그도 그럴 것이 우리나라의 에너지라는 것은 석유, 석탄에 절대적으로 의존하고 있어 다른 분야가 파고들어 간다는 건 생각조차 할 수 없던 시절이었다. 핵융합로는 미래 에너지원과 관련이 있어 눈앞에 꼭 필요한 먹고사는 연구와는 종류가 한참 달랐다. 특히 연구 실험 과정이 너무 위험했으며 기술 난이도가 높고 파급력이 커 선진국은 어느 곳도 한국에 기술을 전수하지 않았고 심지어 협력을 맺는 것도 꺼렸다. 그러다 1970년대 말 서울대에서 SNUT라는 소형 토카막을 개발했고 1989년에는 원자력연구소에서 KT-1이라는 장치를 제작했다. 이후 KSTAR 건설계획을 진행하면서 핵융합 연구는 도약을 시작했다. 구리선으로 자기장을 만들기 때문에 운전 중에 엄청난 열이 발생했던 기존의 토카막과 달리 초전도자석을 사용해 장치를 제작함으로써 진보된 형태의 토카막을 생산하기에 이르렀다.

토카막(Tokamak): 핵융합(Nuclear fusion) 실험에서 사용되는 실험 장치 중 하나로서 핵융합 반응에 필요한 플라스마(Plasma)를 자기장을 이용하여 담아 두는 도넛(Donut) 모양의 장치이다.

이경수 박사의 연구팀은 1995년 KSTAR의 개념 설계와 기반 기술 연구 개발 선행에 나섰고 1998년 장치 개발 인프라 구축 및 공학 설계, 2002년부터 장치제작·설치 및 조립 과정 등 총 12년의 사업 기간을 거쳐 KSTAR를 완공했다. 모두 3,090억 원의 사업비와 연구소·대학 등 39개 기관이 참여한 세계 첨단 핵융합 연구장치다. 물론 이 과정에서 국내 기술 개발이 엄청나게 빠르고 넓게 이뤄졌고 참여한 국내 산업체는 파생 기술을 활용한 신산업 창출 기반을 마련했다는 평가도 받고 있다.

이경수 전 국가핵융합연구소장

출처- KFE

이 박사가 이런 과정을 거쳐 얻은 건 국제 과학계의 개인적 신뢰와 영광이었고 한국의 기술에 대한 존경심이었다. 그는 지난 2008년 9월에는 국가핵융합연구소장으로 임명돼 KSTAR의 연구에 박차를 가했고 무엇보다 이 박사와 대한민국의 성공은 국제 핵융합 실험로(ITER)에 우리가 직접 참여하는 것으로 이어졌다. 우리나라는 그동안의 연구실적과 부품을 ITER에 공급하게 되는 중요한 역할을 했고 이 박사는 ITER를 이끄는 가장 영향력 있는 세계의 과학자로 등장한다.

ITER(International Thermonuclear Experimental React, 국제 핵융합 실험로): 핵융합 에너지 대량 생산 가능성을 실증하기 위해 EU·한국·중국·인도·일본·러시아·미국 등 7개국이 공동으로 개발·건설·운영하는 프로젝트를 말한다. 1980년대 후반부터 국제원자력기구(IAEA)의 지원하에 진행하고 있으며, 10년 이상의 설계 과정을 거쳐 2007년 건설하기 시작했다.

ITER 건설 비용은 프랑스 등 EU 회원국이 현물과 현금으로 45.46%를 분담하고 한국·중국·인도·일본·러시아·미국 등 6개국이 9.09%씩 분담하고 있다. 회원국들은 이 사업을 통해 창출되는 모든 지식재산권 등을 100% 공유하게 된다.

국제 핵융합 실험로(ITER) 건설

출처- KFE

이경수 박사는 2007년 ITER 제1차 이사회에서 KSTAR 관리 능력을 인정받아 경영자문위원회(MAC)부의장을 역임했고 2010년부터는 의장, 2014년 ITER를 움직이는 이사회의 부의장이 됐다. 또 2015년은 ITER 국제기구의 기술총괄 사무차장을 거쳐 부총장에까지 오르면서 ITER 건설 공정 70%에 달하는 위업을 달성해 세계적으로 주목받았다.

KSTAR 사업을 제안하고 장치를 설계했으며 그리고 그 기술력을 인정받아 국제 핵융합 실험을 이끌고 있는 과학자. 한국이 세계에서 가장 빨리, 1억 도를 30초 동안 가두는 괴력을 과시하는 데는 이경수 박사의 꿈과 혼이 있었다. 한 사람의 위대한 도전이 인류의 미래에 어떤 영향을 미칠지 자못 궁금해진다.

출처- KFE

3) 지구를 살리는 그린 수소

2020년 2월, 남극에서는 지구온난화와 관련된 충격적인 소식이 들려왔다. 남극 기온 관측 사상 처음으로 영상 20도를 넘는 기온이 측정된 것이다. 당시 전 세계는 코로나19로 인해 혼란스럽기 시작할 무렵이었기 때문에 이 소식이 관심의 대상이 되지는 못했다. 하지만 분명 기후변화의 심각성이 한계에 다다른 것을 보여 주는 상징적 현상이었다. 이처럼 지구온난화 위기는 곧 인류에 닥친 위기가 됐다.

이 가운데 지구온난화의 가장 큰 원인으로 주목된 것은 바로 화석 에너지이다. 그럼 우리는 어떤 에너지를 활용할 수 있을까? 바로 수소다. 화석 에너지가 갖고 있는 문제인 온실가스 발생이나 미세먼지 유발, 그리고 자원 고갈 등의 문제를 근본적으로 해결할 수 있다. 수소는 자연에 존재하는 가장 풍부한 원소지만 자체로 존재하기보다는 주로 석유나

석탄, 천연가스 등 화석연료나 물 등 화학성분으로 존재하기 때문에 이들로부터 추출해야 한다. 하지만 화석연료에서 추출된 '그레이(Grey) 수소'는 온실가스가 동시에 다량 배출되기 때문에 정부는 '수소경제 활성화 로드맵'에서 온실가스가 배출되지 않는 물을 이용한 '그린(Green) 수소'로의 패러다임 전환을 추진하고 있다.

수소는 생성 방식에 따라 색깔로 구분

수소는 생성 방식에 따라 색깔로 구분하는 특징을 가진다. 색깔로 수소를 구분하는 이유는 생성 과정에서 기후변화의 주범으로 여겨지는 이산화탄소가 얼마나 많이 발생하느냐의 차이가 생기기 때문이다. 가장 많이 이산화탄소를 발생시키는 '브라운(Brown) 수소'와 '그레이(Grey) 수소'는 각각 화석연료인 석탄이나 천연가스를 사용하여 만드는 수소다. 그리고 천연가스와 이산화탄소 포집 설비를 이용하는 하이브리드형 수소는 '블루(Blue) 수소'라고 불리며, 오로지 재생 에너지만을 이용하여 만드는 수소를 '그린(Green) 수소'라고 한다. 블루 수소는 이산화탄소가 발생하기는 하지만 브라운 수소나 그레이 수소보다 발생량이 현저히 낮고, 그린 수소는 이산화탄소 발생량이 제로(0)다.

향후 수소 생산 구성 및 공급 목표

구분	현재	2022년	2030년	2040년
구성	①부생수소 ②추출수소	①부생수소 ②추출수소 ③수전해	①부생수소, ②추출수소 ③수전해, ④해외생산 ※ ①+③+④ : 50% ② : 50%	①부생수소, ②추출수소 ③수전해, ④해외생산 ※ ①+③+④ : 70% ② : 30%
	-	수도권 인근 대규모 생산	해외 수소 활용	CO₂ free 수소 대량 도입
공급	13만톤/年	47만톤/年	194만톤/年	526만톤/年

출처- 한국에너지공단

작은 과학 마을 대덕의 반란

그린 수소는 태양광이나 풍력 등 재생 에너지에서 나온 전기로 물을 전기분해해 생산한 수소를 말한다. 그린 수소는 생산 과정에서 탄소배출이 제로인 셈이다. 이렇게 착하고 유익한 에너지가 또 있을까? 이런 그린 수소에 진심인 이들이 있다.

한국에너지기술연구원은 지난 2020년 태양광, 풍력 등과 같이 간헐성과 변동성이 큰 재생 에너지를 이용해 안정적이며 고효율로 수소를 생산할 수 있는 '부하변동 대응형 수전해 스택'을 개발하는 데 성공했다.

수전해 장치 정면 모습 / 수전해 장치 스택 측면

출처- KIER

수전해 스택은 공급된 물이 분해되어 실제로 수소가 생산되는 핵심장치로 전극, 분리막, 분리판, 셀프레임 등의 단위 부품을 필요 출력에 따라 여러 장부터 수백 장씩 쌓아서 만드는 기술이다. 이 기술은 바람, 태양을 이용해 온실가스 배출이 없이 수소를 만드는 그린 수소 생산에 있어서 가장 핵심 기술이기도 하다.

한국에너지기술연구원은 여기에 안주하지 않고 일 년 만에 또 한 번 도전에 성공한다. 2021년 6월, 물을 전기분해해 최대 84%(HHV 기준)의 효율로 시간당 2Nm³의 그린 수소를 생산할 수 있는 '10KW급 알칼라인 수전해 스택'을 자체 개발하는 데 성공한 것이다.

연구진은 이 스택으로 1,008시간을 운전하는 동안 82%의 수소 생산 효율을 유지함으로써 성능과 내구성을 검증하는 데 성공했는데 이는 장시간 구동에도 세계 최고의 효율을 얻는 등 매우 뛰어난 성과였다.

사실 이미 독일, 일본, 미국 등 해외의 기술 선도국들은 수전해 수소 생산 기술의 중요성을 인식하고 약 20년 전부터 기술 개발을 지속해 오고 있으며 현재 약 80% 내외의 효율로 수소 생산이 가능한 MW급 수전해 스택 및 소재·부품 기술을 보유하고 있는 실정이다.

연구진이 10KW 알칼라인 수전해 스택 앞에서 스택에 사용된 전극과 분리막을 들고 있다.

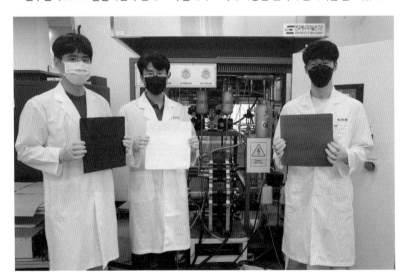

출처- KFE

반면 국내는 수전해 산업 인프라 미비로 원천 기술 확보조차 열악한 상황이다. 또한 수전해 스택의 수소 생산 효율도 70% 이하에 그치고 있어 해외 선진국과는 큰 기술 격차를 보이고 있다. 이러한 상황 속에서 만들어 낸 오늘의 성과는 탄소중립 시대로 나아가는 힘찬 발걸음이 되어 주고 있다. 인류가 청정한 세상을 위해 가야 할 길은 수소, 그중에서도 그린 수소임은 분명하다. 차세대 에너지원으로 우리 대한민국이 우뚝 설 수 있도록 지금 연구자들의 땀과 열정이 대덕특구 한국에너지기술연구원에서 무르익고 있다.

4) 바다와 강이 만나 에너지를 만든다

뜨거운 사막으로 덮여 있는 중동에서 식수를 얻는 열쇠는 해수담수화(海水淡水化)에 있다. 해수담수화는 소금 같은 이물질이 많아 직접 사용하기 힘든 바닷물로부터 염분 등 바닷물에 녹은 여러 물질을 제거해 순도 높은 음용수나 생활용수, 공업용수 등을 얻어 내는 일련의 수처리 과정을 말한다. 해수담수화는 쉽게 말해 두 가지 방식이 있다. 첫 번째는 해수, 즉 바닷물을 가열해 발생한 증기를 응축시켜 먹을 수 있는 담수를 얻는 증발법이 있고 삼투 현상(Osmosis)을 반대로 이용한 역삼투 방식으로 물을 얻는 방법이 있다. 즉 해수를 반투막에 통과시켜 담수를 생산하는 방식인데 실제로는 두 가지 방식을 함께 쓰는 곳이 많다. 우리나라 두산중공업은 아랍에미리트(UAE)에서 위 두 가지를 혼용한 하이브리드 방식으로 세계 최초의 해수담수화 플랜트를 준공한 바 있다.

삼투압: 반투막을 사이에 두고 양쪽 용액에 농도 차가 있을 경우
용매가 농도의 높은 쪽으로 옮겨 가는 현상

대덕연구개발특구 한국에너지기술연구원(KIER)에서 이런 해수담수화를 응용한 새로운 연구를 하고 있다. 바닷물을 걸러 에너지를 만드는 기술, '염도차(鹽度差)' 혹은 '염분차(鹽盆差)' 발전이라 불리는 연구다. 쉽게 말해 바다와 강이 만나 에너지를 만드는 것이다. 현재 지구상에서, 신세대 용어로 가장 핫(Hot)한 신재생 에너지 개발 기술은 바다에서 나온다. 바다에서 얻을 수 있는 재생 에너지는 조력과 조류, 온도차, 파력(波力) 등이 있는데 그 가운데 염분차가 으뜸으로 꼽힌다. 물로부터 생산되기 때문에 안전하고 깨끗하며 무한한 발전 용량을 자랑한다.

염분(鹽盆)은 NaCl, 짠 소금을 말한다. 염분차 발전은 두 용액의 이런 염분 농도의 차이를 이용해 전기를 생산하는데, 해수는 염분이 3.5%, 담수는 염분이 0.05%로 당연히 해수의 염분이 담수보다 훨씬 높다. 그럼 염분의 차이로 어떻게 전기를 생산할까? 여기서 앞서 말한 삼투 현상이 또 등장한다. 염분 농도가 다른 두 물을 분리했다 섞으면 농도가 낮은 물에서 높은 물로 이동하게 되는데 이때 삼투압이 발생한다. 우리가 김치를 담글 때 배추의 숨을 죽이기 위해 배추를 소금물에 절이는 걸 생각하면 되는데 배춧속의 수분이 소금물을 만나기 위해 밖으로 빠져나오는 것과 같은 원리다. 삼투압에 의해 담수가 해수 쪽으로 이동하면 해수의 양은 늘어나고 압력도 높아지게 되는데 바로 이 압력이 터빈을 돌려 전기를 발생하는 것이다. 일명 압력지연삼투 발전(PRO, Pressure Retarded Osmosis)이라 부른다.

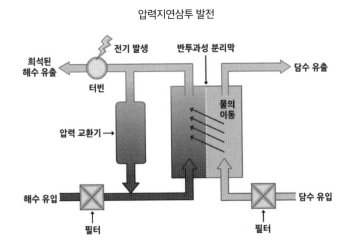

압력지연삼투 발전

작은 과학 마을 대덕의 반란

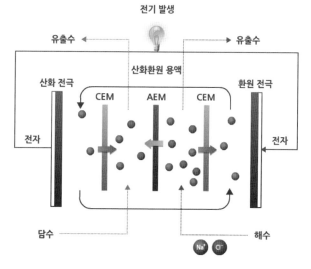

역전기 투석 발전

전기 발생

유출수 ← 　　　　　　　　　　　　→ 유출수

산화환원 용액

산화 전극　　　CEM　　AEM　　CEM　　환원 전극

전자　　　　　　　　　　　　　　　　　전자

담수　　　　　　　　　　　　　　　　해수

Na⁺　Cl⁻

출처- 에듀넷 티 클리어

　이 공정을 실제 강에 설치할 때 두 가지 방법을 이용한다. 첫 번째는 일반적인 방법으로 해수면 높이에 발전소를 건설하는 것이다. 담수는 강의 하구에서 해수는 해변에서 공급받고 전기 생산에 사용된 물은 다시 강으로 유입된다. 두 번째는 해저에 발전시설을 설치하는 방법이다. 발전시설을 해수면 100m 아래쯤에 건설하면 수심이 깊어질수록 압력이 높아지기 때문에 압력 교환기 없이 해수의 압력을 증가시킬 수 있어 생산 공정에 경제성을 높일 수 있게 되는 것이다.

　또 다른 방식은 역전기투석법 발전(RED, Reverse Electrodialysis)이 있다. 삼투압에 의해 발생한 에너지를 전기로 전환할 때 터빈을 이용하는 압력지연삼투 발전과 달리 터빈 없이 직접 전기를 생산한다. 담수와 해수 사이에 양이온과 음이온을 선택적으로 이동시킬 수 있는 이온교환분리막을 교차 배열하고 두 전극 사이에 전자의 이동을 유도해 전기를 얻는 방식이다. 우리나라 5대 강에서는 수질 특성상 역전기투석법 방식이 더 유리하다고 알려져 있다.

제주글로벌연구센터 JGRC 전경

출처- KIER

전 세계 염분차 발전 지역

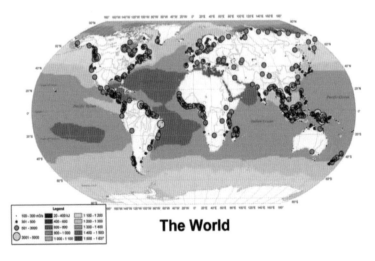

출처- KIER

　　　　　　　　　　　　　　　　　　작은 과학 마을 대덕의 반란

한국에너지기술연구원은 지난 2013년부터 압력지연삼투 발전식과 역전기투석 방식의 염분차 발전을 연구하고 있다. 지난 2015년에는 KW급 역전기투석법(RED) 기술 개발에 나서 500W급 시설을 독자적으로 기술 개발하는 데 성공했고 2017년에는 세계 최고 수준의 이온교환막 제막 시스템 구축을 완료해 세계의 주목을 받았다. 그리고 2025년부터는 MW급 이상의 파일럿 플랜트를 개발해 염분차 발전의 사용화 기반을 마련할 계획이다. 염분차 발전은 지난 2003년 신재생 에너지 분야 대국인 네덜란드를 시작으로 노르웨이와 캐나다, 이탈리아가 연구 개발 중인데 우리가 주로 공들이고 있는 역전기투석법 발전 연구가 성공하면 앞으로 우리는 수년 내 염분차 발전의 선도 국가가 된다.

삼면이 바다인 한국형 에너지의 미래는 '염분차' 발전

그럼 여기에서 염분차 발전이 왜 꿈의 에너지라고 불리는지 보자. 일단 염분차 발전의 장점은 차고 넘친다. 염분차 발전은 지구 표면의 70%를 덮고 있는 바닷물을 이용하므로 그 양이 무궁무진하고 CO_2 같은 오염 물질을 배출하지 않으며 보통 낮에만 운용되는 태양광 발전이나 예측 불가능한 풍력처럼 기후의 영향을 받지 않는다. 또 리튬이온 배터리처럼 폭발할 위험도 전혀 없다. 다시 말해 언제든 원하는 때 전기생산이 가능하다는 것으로 바닷물과 강물만 있으면 된다. 이 때문에 최근 화재 등 문제가 되고 있는 에너지저장 시스템(ESS)에 대한 의존도도 획기적으로 낮출 수 있다.

한국에너지기술연구원 염분차 발전시험실

출처- KIER

특히 우리나라의 경우 삼면이 바다이기 때문에 염분차 발전을 하는 데 아주 유리한 조건이다. 해수와 담수가 가까이 있을수록 당연히 기초 설비와 운영비 면에서 장점이 생긴다. 강물과 바닷물이 만나는 지점인 낙동강 기수역이나 울산 쪽 태화강 지역이 아주 좋은 예로 꼽히고 있다.

염분차 발전이 정상적으로 이뤄진다면 발생하는 전기의 양은 얼마나 될까? 염분차 발전은 전 세계적으로 2.6TW(테라와트)의 잠재력을 갖고 있는 에너지원이다. 이는 연간 발전량이 1GW(기가와트)인 원자력 발전소 2,600기에 해당하는 어마어마한 규모이고 우리나라 연간 총 발전량의 30배가 넘는 수준이다. 또 돈으로 따진다면 국내의 경우 5대 강 기준 약 110억 달러, 우리 돈 13조 원의 시장이 생기고 세계적으로는 대략 3조 달러의 잠재력이 있는 것으로 추산된다.

출처- KIER

2050년 탄소 완전 제로를 꿈꾸는 그 원천인 염분차 발전에 대한 연구가 지금 바로 대덕연구개발특구, 한국에너지연구원에서 진행 중이다.

5) 에너지를 나눠 쓰는 똑똑한 마을

예전에는 마치 한 가족처럼 사는 마을이 종종 있었다. 한 집에 쌀이 떨어지면 다른 집에서 가져오고 그 집에 술이 없다면 우리 집 술을 가져다준다. 각자 가진 농업기구도 나눠 쓰니 세상 부족한 게 없다. 특별히 남의 허락을 구할 필요도 없다. 너무 당연한 마을의 원칙이자 문화이니까. 현대 생활에서 늘 부족한 게 에너지이지만 예전처럼만 한다면야 걱정할 일이 없을 것이다. 한국에너지기술연구원은 쌀 한 톨처럼 콩 한 쪽처럼 서로 나눠 먹는 에너지에 대한 연구를 하고 있다.

출처- KIER

우리나라 전체 온실가스 배출량 가운데 건물 부문이 차지하는 비중은 20% 남짓이라고 한다. 도시 에너지의 대부분이 건축물에서 사용되기 때문이다. 건축물에서 나오는 온실가스를 잡지 못한다면 기후위기에 제대로 대응할 수 없다. 반대로 말하면 일상생활 속에서 에너지를 잘 관리해 온실가스를 잡는다면 기후위기에 효과적으로 대응할 수 있을 것이다.

한국에너지기술연구원이 던진 새로운 미래는 건축물을 활용해 에너지를 주고받는 시스템을 가진 세상이다. 건물은 그동안 에너지 소비만 하던 공간이었다. 전기를 써 불을 켜고 에어컨과 히터를 돌린다. 그러나 이제는 건물이 에너지를 생산하고 남는 것은 외부에 공급할 수 있는 시스템으로 변하고 있다.

에너지기술연구원 플러스에너지커뮤니티

출처- KIER

　연구원은 도시형 신재생 에너지 플러스에너지커뮤니티 공유 플랫폼
(K-PEC, KIER Plus Energy Community)을 대덕연구개발특구 본원에 설치
했다. 기존의 노후화된 건축물을 리모델링해 신재생 에너지 공유타운을
만들고 있는 것이다. 타운에는 건물이 모두 4개다.

　처음 연구원이 시도한 것은 에너지 자립형 건물이었다. 지난 2002년
에너지절약형 실험용 건물(ZeSH-1, Zero Energy Solar House)을 지어 화
석연료 없는 건물을 실현했고 지금은 신재생 하이브리드 시스템과 에너
지 공유 기술을 접목한 플러스 에너지 하우스(KePSH-1&2, ER Energy Plus
Solar House)로 탈바꿈시켰다.

　어떻게 달라졌을까? 우선 건물의 외벽과 지붕에는 건물 일체형 태양
광과 열모듈이 감싸고 있다. 태양광만 받아 전기를 생산하던 예전 방식
과 달리 태양광과 태양열을 동시에 이용해 열과 전기를 만들어 건물에
제공하는 차세대 발전 시스템이다.

제로 에너지 주택을 리모델링한 플러스 에너지 하우스

출처- KIER

주거용과 비주거용 건물이 있는데 모두 21.4KW의 신재생 에너지 생산 설비뿐 아니라 전기와 열을 각각 저장하는 장치, 잉여 전기를 열로 변환하는 장치, 히트펌프 활용 기술 등 에너지 관련 신기술이 망라돼 있다. 즉 태양광과 태양열 등으로 전기를 만들어 사용한 다음 남는 전기와 열, 온수 등은 지하실에 설치된 각각의 저장장치에 보관했다가 건물끼리 서로 공유하는 방식이다. 건물이 똑똑해져 이제는 에너지 프로슈머 (생산자+소비자)로서 거듭나고 있는 것이다.

실제 이렇게 생산한 에너지가 일상생활에 동력원으로 어떻게 역할을 할까? 연구원에 마련된 플러스 에너지 타운 속 건물 안으로 들어가자 냉장고와 TV 등 일반 가정집과 같은 가전제품이 설치돼 있다. 연구팀은 이곳에서 먹고 자고 하면서 에너지의 공유모델을 연구하고 있다.

건물 내 한 편에는 대형스크린을 통해 에너지 이용 현황을 모니터링하고 있다. 실제 어느 건물의 어느 곳에서 에너지가 남고 어느 곳에서 부족한지를 실시간으로 파악한다. 또 어느 건물은 어떻게 에너지를 소

작은 과학 마을 대덕의 반란

비하는지를 시간대와 유형별로 파악해 미리 부족함이 없도록 대응하고 반대로 최대한 에너지를 붙잡아 둘 수 있는 시간과 장소도 눈여겨보고 있다.

도시형 에너지커뮤니티플러스 플랫폼

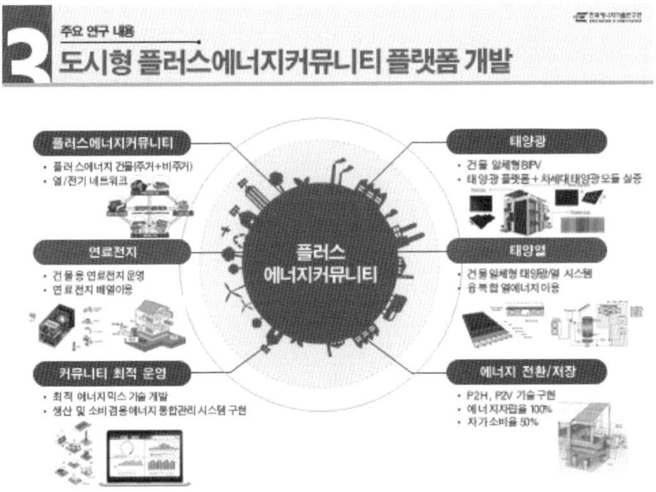

출처- KIER

그럼 이렇게 에너지를 주고받은 결과는 어떨까? 2021년 하반기 우선 4개 건물 가운데 2개 건물에서 적용했더니 144%의 에너지 자립률이 나왔다. 100%를 자급자족이라고 봤을 때 실제 쓰고도 남는 에너지다. 이를 건축물 에너지효율등급 인증평가 프로그램(ECO2)을 이용해 시뮬레이션했더니 연간 에너지 자립률은 166.3%로 올라갔다.

여기에 더 나아가 연구원은 태양광 패널도 미적 감각을 최대한 살려 일반 건물의 외벽처럼 아주 예쁘고 산뜻하게 꾸미고 있다. 지금처럼 지붕과 벽체가 모두 파란색으로 획일화된 것이 아니라 최고의 건축자재라고 해도 손색이 없도록 말이다. 여기에는 국내의 유수한 건축 업체들이 함께 공들여 연구하고 있다.

신재생열융합연구실
김종규 책임연구원

출처- KIER

기술 책임자인 김종규 책임연구원은 "도시형 에너지 공유 플랫폼 기술로 다양한 실험과 연구, 검증을 하다 보면 상황별, 주거형태별 맞는 가이드라인을 제시할 수 있을 것"이라며 다만 "효율이 높은 연료 전지와 태양광 패널을 도입해 경제성을 확보하는 과제도 안고 있다"고 말했다.

일단 연구팀은 2024년을 목표로 플러스 에너지 커뮤니티 연구를 진행하고 있다. 그리고 우선 공을 들이는 것은 폐교 건물을 활용해 신재생 에너지를 공급할 수 있는 허브로 만들고 남는 에너지는 인근 건물로 보내는 시스템을 개발 중이며 이를 더 확대할 경우 탄소중립과 그린뉴딜에 실질적인 역할을 할 수 있을 것으로 보고 있다.

서로 집마다 부족한 걸 채웠던 옛날 조상들의 모습이 이제 에너지를 나누는 세상으로 이어지고 있다.

6) 원자력 발전의 '게임 체인저' SMR의 출격

지난 2011년 일본의 대지진과 함께 벌어진 후쿠시마 원전 폭발 사고는 전 인류에 큰 숙제를 던졌다. 원자력 세계 최강국 중 하나인 일본의 원전이 허무하게 무너진 것이다. 전 세계가 보는 가운데 원전이 폭발하는 장면은 과연 원자력이 안전한가에 대한 질문을 던졌고 구체적이고 현실적인 공포가 되면서 전 세계는 탈원전을 부르짖게 되었다. 하지만 석탄, 석유로 이어지는 화석연료 발전소의 공해는 더 이상 감당할 수 없는 수준이다. 여기서 원자력 발전을 이대로 가동을 멈춰 버린다면? 물론 핵과 방사능으로부터는 안전하겠지만 어디에서 전기를 끌어올 것인가? 에너지원으로서 대형 원전을 대체할 것은 무엇이 있을 것인가? 이런 가운데 변화하는 에너지시장에서 게임 체인저로 부를 만한 소형 원자로 (SMR) 기술이 각광받고 있다.

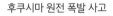

후쿠시마 원전 폭발 사고

원자력 발전의 패러다임 변화… 이제는 경량화

후쿠시마 이후 미국과 중국 등 전 세계는 소형 원자로 개발에 주목하고 있다. 소형 원자로는 기존 원자력 발전과 원리가 같지만 크기가 작다는 게 가장 큰 차이다. 영어로는 SMR(Small Modular Reactor)라 불린다. 보통 발전용량 1,400MWe 규모의 상용 원자력 발전소와 달리 SMR은 300MWe 이하의 작은 원자로를 의미한다. SMR은 전 세계에서 현재 개발 붐이 일고 있는데 한국원자력연구원이 가장 앞서 있는 상태다.

대형 원전과 SMART 비교 사진

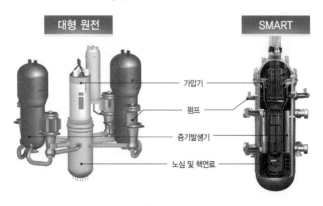

출처- KAERI

소형 원자로(SMR)는 증기발생기, 냉각재 펌프, 가압기 등 주요 기기를
하나의 용기에 일체화시켰다.

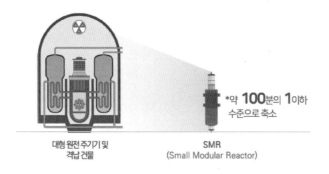

출처- KAERI

SMR은 이미 지난 1990년대 말부터 선행 개발이 이뤄지고 있다. 당시
연구가 이루어진 것은 SMART 원자로로 불리는 것이었는데 하나의 용기
에 증기 발생기와 냉각재 펌프, 가압기 등 주요 기기를 담아 일체화시킨
것이다. 스마트 원자로는 원자력연구원이 한국 독자모델로 개발해 상용
화시키고 있으며 대용량 발전용 원자로와는 달리 고유안전 또는 피동
안전 등의 신 안전 기술 접목이 용이하고 이는 궁극적으로 한 단계 높은

원자로 안전성을 보장할 수 있다. 중소형 모듈 단위이기 때문에 지역 관계 없이 설치가 가능하고 또 지역 특성에 맞는 다양한 기술을 구현할 수 있다는 장점이 있다. 규모의 발전이 아니라 기술이 집약된 원자력으로 볼 수 있다. 우리는 주로 소규모 전력의 생산과 함께 식수가 귀한 중동 지역을 겨냥한 해수담수화용으로 연구와 개발을 진행해 왔다. 이 스마트 원자로를 통해 하루 40,000t의 바닷물을 민물로 바꾸는 담수화와 시간당 90MW 전력생산이 가능해지며, 이는 인구 10만 명의 도시에 공급할 수 있는 식수와 전력량이다. 실제 우리는 사우디를 비롯한 중동에 스마트 원자로 수출을 진행하고 있다.

김종경 전 한국원자력연구원장이 사우디 측과 SMART 건설 상세 설계 협약을 체결하는 모습

출처- KAERI

지금 한국원자력연구원은 스마트 원자로의 성공을 바탕으로 한층 더 완성도 높은 소형 원자로(SMR)를 개발하는 데 총력을 기울이고 있다. 앞서 말한 대로 소형 원자로이기 때문에 건설 기간이 짧고 비용이 적게 든다는 장점이 있다. 여기에 섬이나 해안의 고립된 지역 등 다양한 지역에

서 다양한 목적으로 설치가 가능하며 수소 생산과 해수 담수화, 지역 난방, 산업공정열 공급 등에 활용될 수 있다. 특히 무엇보다 안전도가 크게 올라간다는 점에서 변화무쌍한 에너지시장의 게임체인저가 될 수 있다는 분석이 나오고 있다. 실제 전 세계가 SMR에 대한 관심이 급증한 지난해 한국과 미국, 러시아, 중국 등에서 70여 종의 SMR을 개발하고 있는데 한국의 기술이 상당 부분 앞서 있다.

SMART 플랜트 조감도

출처- KAERI

SMR의 업데이트, 한국이 주도한다

한국은 앞서 개발한 스마트 원자로를 토대로 '혁신형 SMR'이라는 새로운 소형 원자로 사업에 몰두하고 있다. 오는 2023년까지 기본 설계를 마치고 2025년까지 표준 설계를 완료하여 2028년까지 인허가를 추진할 예정이다. 그러면 2030년부터는 전 세계에 우리 원자로의 수출이 가능해진다.

무엇보다 기존 스마트 원자로가 대형 경수로에 적용되는 인허가 기술 수준에 만족한 것과 달리 '혁신형 SMR'은 기존 대형 원전에 사용되지 않는 다양한 혁신 기술이 도입되기 때문에 개발을 완료하기 위해서는 과제도 많다.

2022년에는 국내에서의 단계적인 개발과 함께 캐나다에서 우리 손으로 만든 SMR에 대한 실증 작업이 진행된다. 원자력연구원은 현재 헬륨을 냉각재로 쓰는 초고온 가스로를 오지에 구축하려는 캐나다와 협력하고 있는데, 캐나다가 초고온 가스로의 원자로 안전성 분석 작업을 한국에 맡겨 수행하고 있다. 즉 캐나다에서 최초로 우리 기술이 들어간 SMR의 가동이 임박한 것이다.

한국원자력연구원은 또 SMR 기술을 바탕으로 우주용 원자로 개발도 착수한다는 목표를 세웠다. 산소가 없는 우주 환경에서 에너지원을 안정적으로 공급하기 위해 SMR을 활용하는 것이다. 특히 미국의 유인 달 탐사계획인 '아르테미스'에 한국이 참여하는 만큼 SMR은 우주개발시장에서 우리의 기술력을 과시할 수 있는 중요한 전기를 마련할 수 있다.

SMART 표준 설계 인가 획득 참여 연구진

출처- KAERI

SMR은 탄소중립에서도 중요한 역할을 할 수 있을 것으로 보인다. 산업계 공정에서 필요한 열원을 화석연료가 아닌 SMR이 공급할 수 있기 때문이다. 기존 경수용 원자로는 물의 온도를 높이는 데 어려움이 있어 300도 정도가 최대치였지만 물을 냉각재로 쓰지 않는 SMR은 500~1,000도 사이의 열을 중화학 산업에 공급할 수 있어 산업계에서 배출되는 탄소를 줄일 수 있다.

> *"SMR은 환경 조건에 따라 들쭉날쭉한 태양광 등 재생 에너지를*
> *보완할 수 있으며 탄소중립을 실현하고 차세대 에너지원으로*
> *성장가능한 중요한 옵션"*

안전성을 가장 크게 담보하면서 작지만 큰 힘을 내는 소형 원자로, SMR의 내일이 기대된다.

✦ 과학기술에 따뜻함을 더하는 사람들

이제는 인간과 로봇이 함께 살아가는 시대다. 로봇은 몸이 불편한 이들의 손과 발이 되어 주며 누군가의 어려움을 척척 해결한다. 자동차는 어떤가. 운전자가 없어도 사람의 말 한마디에 작동한다. 로봇 기술의 발달, 이 안에는 과학자들의 마음이 담겨 있다. 인간과 공존하는 로봇, 그리고 따뜻한 기술을 위해 애쓰는 사람들, 대덕특구 국책연구원에서 연구에 매진하는 그들의 이야기가 궁금하다.

1) 의족·의수에서 계단 넘는 휠체어까지… 따뜻한 로봇 세상이 온다

몸이 불편한 사람들에게 로봇이 손발이 되어 준다면 어떨까? 상상을 현실로 만들어 가는 이들이 있다. 지난 2020년, 한국기계연구원은 달걀을 집거나 가위질을 하는 등 일상생활의 다양한 물체 및 도구 조작이 가능한 사람 손 크기의 '인간형 로봇 손'을 개발했다. 다양한 로봇팔에 장착할 수 있는 이 로봇 손은 무게 대비 쥐는 힘도 세계 최고 수준으로 산업 현장은 물론 일상생활까지 활용할 수 있다. 4개의 손가락과 16개의 관절로 이루어진 인간형 로봇 손가락이 자유롭게 움직이며 손은 각 방향으로 이동할 수 있도록 12개의 모터가 사용됐다.

한국기계연구원이 개발한 일체형 로봇 / 로봇 손이 계란을 쥐고 있다.

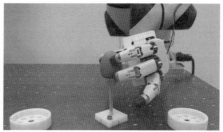

출처- KIMM

이에 그치지 않고 2021년부터는 국내 최초의 로봇 의수 개발도 추진하고 있다. 관절이 많은 손가락은 다양한 동작을 구사해야 하기 때문에 의족에 비해 필요한 모터가 많고, 그에 따라 제작 비용이 비싸 개발이 어려웠지만 적은 수의 모터를 사용하면서도 안전성은 높고 무게는 가벼운 로봇 의수를 연구하고 있다. 팔뚝 부분 근전도 센서를 통해 근육 신호를 측정, 손목 절단 환자의 의도에 맞춰 움직임을 제어하고 관절 부위에는 유연한 케이블을 사용해 자유롭게 변형할 수 있도록 하는 연구를 진행 중이다.

그뿐만 아니라 무릎형 로봇 의족까지 개발해 시제품 개발 단계에 와 있다. 무릎형 로봇 의족은 기존 발목형 스마트 로봇 의족을 발전시킨 형태로 걷거나 앉거나 뒤로 기대는 등 다양한 상황에 대한 관절 명령을 센서로 판단해 보폭과 보행 속도를 조절할 수 있다. 경사나 계단 등 장애물을 만났을 때 단순히 체중을 버티는 수준이 아니라 발을 들어 올릴 수 있을 정도로 이동량을 높여 비장애인이 사용하는 수준의 힘만으로도 작동시킬 수 있다.

한국기계연구원이 개발한 스마트 로봇 의족 개념도

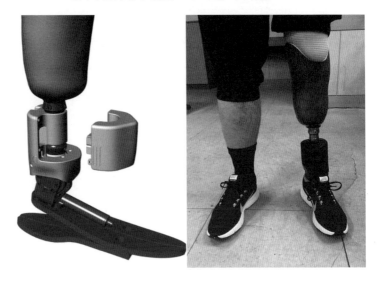

출처- KIMM

어디 그뿐인가, 계단을 넘는 휠체어까지 개발 중이다. 로보틱 휠체어 기술은 전동 휠체어를 개인형 이동 수단처럼 편리하게 이용할 수 있도록 하는 기술로, 계단이나 경사진 곳에서도 휠체어를 자유자재로 변형해 이동할 수 있다. 고속 주행을 하다가 장애물을 만나면 물체 형태에 따라 유연하게 형태를 바꿀 수 있다. 5년 이내에 이 기술은 거리 곳곳에

작은 과학 마을 대덕의 반란

서 만날 수 있게 된다. 누군가의 불편에도 귀를 기울이는 과학, 따뜻한 과학은 대덕 과학자들 모두의 바람일지 모른다.

기계연구원이 군에서 실제 사고를 당해 발목을 잃은 김정원 중사에게
첫 상용 스마트 로봇 의족을 전달했다.

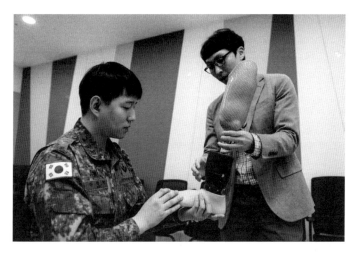

출처- KIMM

2) 자율주행차 '오토비' 교통약자를 위한 세상을 꿈꾸다

운전이 어려운 장애인, 노약자들은 택시나 대중교통을 이용해야 하는데, 그조차 결코 쉬운 일이 아니다. 이동이 자유롭지 못하면 누구나 자신의 의지대로 사회생활을 할 수 없다. 사회참여도 당연히 어려워진다. 이동의 어려움이 있는 장애인들은 그동안 심각하게 사회참여에서 배제되어 왔다. 이들에게 과학기술은 이동의 자유를 선물하고 있다.

첨단 기술의 발전으로 자율주행차는 더 이상 먼 미래가 아니라 현실이 되고 있다. 특히 교통약자의 안전한 이동을 위한 자율주행 자동차, 고령자들을 도울 수 있는 휴먼케어 로봇 등 인간을 위한 기술은 끝없이 발전하고 있다.

이런 가운데 한국전자통신연구원(ETRI)은 중소기업 전기차에 고성능 인공지능(AI)을 탑재해 운전대가 아예 없는 자율주행차 개발에 성공했다. 운전자 개입이 필요 없는 자율주행 4단계 구현을 위한 첫발을 내디뎠다. 그리고 연구원을 순환하는 시범 셔틀버스 서비스를 진행 중이다.

운전자가 없는 진정한 자율주행기술을 상징하는 의미의 '오토(AutoVe)'. '오토비'는 모바일 기기로 호출하면 서비스를 받을 수 있다. 음성을 인식해 목적지로 나아간다. 탑승자는 운전할 필요 없이 원하는 활동이 가능하다.

운전석 없는 자율주행 셔틀버스 '오토비'

출처- ETRI

안전 규정에 따라 25km 제한 속도로 이동하는 오토비는 QR코드로 실시간 위치를 확인할 수 있다. 비신호 교차로나 보행자 횡단보도, 정지 차량 등 매번 다르게 펼쳐지는 상황에도 안전하고 똑똑하게 운행한다.

오토비 적용 AI 알고리즘은 카메라와 라이다 센서에서 얻은 정보를 실시간으로 처리해 주변 환경, 객체를 인식하고 스스로 주행 경로를 만들어 내는데, 이는 원격지와 통신하며 처리하는 방식보다 훨씬 효율적이라는 평가를 받는다.

세계 최고 수준 AI 음성 대화 인터페이스 기술까지 탑재된 '오토비'. AI 비서에게 말하듯 차를 호출하거나 탑승한 뒤 "목적지로 가자" "정지" 등 명령을 내리면 제어가 가능하다. 이뿐만 아니라 사각지대 및 공사 구간 등 실시간 안전 정보를 전송한다. 자체 정보와 더불어 확장된 상황 인식으로 더욱 안전하게 자율주행을 수행하기도 한다.

또 '오토비' 내부 창가엔 OLED 디스플레이어가 설치되어 있는데 이는 한국전자통신연구원이 개발한 증강현실(AR) 실감 가이드 기술과 8K 가상현실(VR) 방송 기술을 탑재한 최신 기술이기도 하다. 이 기술 덕에 탑승자는 실시간으로 차량 정보, 3차원공간과 연동되는 콘텐츠를 받거나 8K급 고화질, 360도 VR 방송을 즐기며 이동할 수도 있다.

연구진이 오토비 내부의 디스플레이를 살피고 있다.

출처- ETRI

이런 자율주행을 가능하게 하기 위해 전자통신연구원은 2021년 2월 국내 최초로 자율주행임시운행허가를 획득했으며 외산 기술에 의존하지 않고 자체 개발한 AI, 5G 통신, 미디어콘텐츠 등 기술력을 종합해 자율주행 서비스를 탑재했다. 이제 본격 자율주행 시대의 신호탄을 쏘아 올린 것이다. 교통약자들에게도 이동의 자유가 허락되는 날이 머지않은 것이다.

그렇다면 자율주행이 무엇인지부터 살펴보자.

자율주행이란, Autonomous diving 또는 Self-driving으로 자동차가 사람의 개입 없이 스스로 판단하여 운행하는 시스템을 말한다. 자율주행 기술은 현재까지는 철도에 가장 많이 적용되고 있다. 기관사 없이 운행되는 '경전철'이 바로 그것이다.

자율주행은 기술에 따라 0단계부터 5단계까지 점진적인 단계로 구분된다. 미국자동차기술회 SAE(Society of Automotive Engineers)에서는 자율주행 기술을 총 6가지 단계로 세분화해 정의했다. 이는 현재 글로벌 기준으로 통용되고 있다.

0	1	2	3	4	5
자율주행기술 없음	운전자 보조주행 방향·속도 제어	부분적 자율주행 차선과 차량 간격 유지	조건부 자율주행 운전자 위급 상황시 비상제동	고수준 자율주행 정해진 도로 자율주행, 비상시 운전자 개입	완전자율주행 운전자 개입 불필요

출처- 미국 자동차 공학회(SAE)

운전자의 개입을 필수로 하는 자율주행 시스템의 가장 기초적인 0단계부터 커브에서 방향을 조종하거나 앞차와 간격을 유지하는 2단계, 주행 중 돌발 변수를 감지하는 3단계, 대부분의 도로에서 자율주행이 가능

작은 과학 마을 대덕의 반란

한 4단계, 완전자율주행이 가능한 5단계로 나뉘어 있다.

현재 국내외에서 상용화된 자율주행 기술은 운전자의 개입이 필수적인 2~3단계에 머무르고 있다. 이런 상황에서 4단계를 적용해 국내에서 가장 앞서가는 기술이 된 것이 바로 '오토비'다.

이제 곧 우리를 위한 자율주행차, 그리고 교통약자를 위한 가슴 따스한 기술은 더욱더 발전에 발전을 거듭하며 머지않은 내일에 우리를 위해 달리게 될 것이다.

3) 청각장애인을 위한 음악 공연, 촉각 음정 시스템이 열쇠

2021년 청각장애인을 위한 국악 공연이 진행됐다. 소리를 들을 수 없는 청각장애인에게 아름다운 우리 전통 선율을 선사한 것이다. 그들은 어떻게 음악을 들었을까? 그건 바로 ICT와 예술의 훌륭한 결합으로 만들어진 작품을 통해서였다. 장애인들도 물리적 장벽 없이 예술 공연을 즐길 수 있을 날이 다가오고 있다.

청각장애인을 위한 이음풍류 공연 포스터

출처- ETRI

청각장애인을 위한 국악 공연

출처- ETRI

　　대덕연구개발특구 한국전자통신연구원(ETRI)이 개발한 '촉각음정 시스템'이 열쇠였다. 이 시스템을 이용해 국악 악기의 음정을 실시간으로 청각장애를 가진 관람자에게 전달하는 기술이 선보인 것이다.

청각장애인들이 국악 공연을 즐기고 있다.

출처- ETRI

'촉각 음정 시스템'은 음악이나 소리 등 청각 정보로부터 소리의 주파수 신호를 뽑아내 촉각 패턴으로 만들고 기기를 통해 피부에 전달하는 사용자 인터페이스(UI) 기술이다. 이 기술이 적용된 장갑을 착용하면 청각장애인은 음정의 변화를 귀가 아니라 손가락으로 느낄 수 있다. 즉 비장애인은 귀와 눈을 통해 공연을 즐긴다면, 청각장애인들은 손가락과 눈을 통해 공연을 감상하는 것이다.

연구원은 이 촉각 음정 시스템을 개발해 청각장애인에게 전화 통화음 등 단순히 소리를 전달한 데 이어 이번에는 국악 공연 '이음풍류(異音風流)'를 개최했는데 대성공이었다. '이음풍류'는 국내 최초로 청각장애인들이 시각과 촉각을 통해 국악의 생생한 라이브를 즐길 수 있도록 기획되었는데 모든 곡에는 수어를 통한 감정 전달 및 해설 그리고 자막이 제공되었다.

ETRI 신승용 선임연구원이 촉각 음정 시스템을 통해 음정 변화를 손가락으로 전달받는 모습

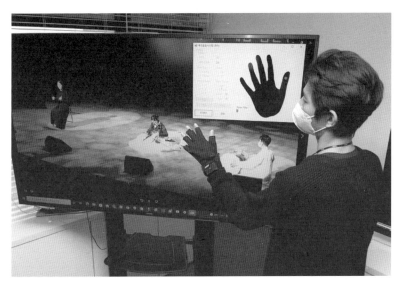

출처- ETRI

이날 청각장애인들은 국내 기업인 비햅틱스에서 개발한 조끼를 착용해서 연주의 박자감을 온몸으로 느끼고 '촉각 음정 시스템'이 적용된 장갑을 통해 악기의 정밀한 음정 변화를 손가락으로 느낄 수 있었다. 또 각 악기의 선율 변화를 시각적 효과(미디어아트)와 함께 제공하여 보는 즐거움을 더했다.

촉각을 위한 음정 패턴 설계

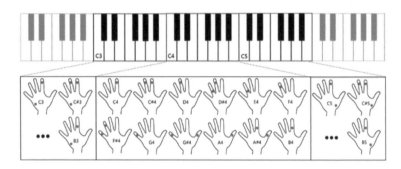

출처- ETRI

또한, 공연 환경 및 상황에 따라 실시간으로 촉감의 최적화를 변경할 수 있도록 사용자인터페이스를 개선하여 이음풍류 공연에 제공하였다. 특히 이번 공연에서는 국악기 중 대금에 집중하여 대금의 세세한 음정 변화를 손가락의 촉감을 통해서 체험할 수 있었다.

해외의 경우, 촉각을 이용하여 청각장애인을 위한 라이브 공연을 시도한 적이 있으나 이는 음악의 비트감을 몸으로 체감하는 수준이어서, 정밀한 악기에서의 음정 변화를 동시에 제공하는 방법으로는 이음풍류 공연이 세계 최초의 시도가 되었다.

국악의 선율을 손으로 느끼도록 만드는 연구진

출처- ETRI

> "이번에 개발한 기술이 실험실 환경을 벗어나 실제 공연에 도입
> 할 기회를 얻어 기술 개발에 대한 보람을 느꼈다. 또 더 나아가
> 기술 적용 분야에 대한 시야를 넓힐 수 있었다."

이 공연을 기획한 휴먼증강연구팀은 향후 촉각 센서와 기기 완성도를 높이는 연구를 수행할 계획이며, 교육용 콘텐츠 개발을 비롯하여 음악 관람 및 학습 분야로 촉각 음정 시스템을 더욱 확산할 예정이다.

4) 장애인의 병원 출입 돕는 아바타 '수어' 개발

코로나19로 비장애인도 병원을 찾기 힘든 세상을 만났다. 하물며 장애인이라면 어땠을까? 체온을 재고 출입자 정보를 기록하는 등 의료기관의 방역 관리 절차가 여간 고역이 아니었을 것이다. 한국전자통신연구원(ETRI) 연구진이 청각장애인을 위해 개발한 아바타 '수어'의 기술이 2021년 국립대학병원에 시범 도입되었다. 이로써 안전한 코로나19 방역 관리는 물론, 청각장애인들이 그동안 병원에 가는 것을 어렵게 한 불편을 덜고 정보격차를 해소하는 데 큰 도움이 될 전망이다.

충남대학교 병원에 설치된 아바타 수어 시스템

출처- ETRI

연구원은 국내 최초로 충남대학교병원 출입문 키오스크에 코로나19 방역 관리 절차를 안내하는 아바타 수어 서비스를 제공했다. 지금까지 디지털 정보 이용에 취약한 장애인들이 기존 키오스크만으로는 의사소통 지원체계가 부족해 출입에 불편이 이어지는 현실을 타파하는 계기가 마련된 것이었다.

병원 입구에서 필수적으로 거쳐야 하는 절차를 아바타 수어 시스템이 안내한다. 수어를 하는 캐릭터가 방역 관련 문진 과정과 확인 사항을 쉽게 전달하는 방식이다.

연구진은 2020년 개발한 코로나19 생활방역 지침 내용을 음성으로 읽어 주고 애니메이션으로 수어를 전달하는 기술을 기반으로 이번에는 얼굴 표정과 표현 등 모두 22종이 가능한 서비스를 제공하고 있다.

기존에도 확진자 정보, 감염병 대응 정부 대책, 백신 접종 안내 등 관련 정보가 키오스크, 문자메시지 등 다양한 형태로 안내되었지만 시·청각장애인들에게는 장애 유형에 맞는 안내가 충분히 이뤄지지 못했다. 연구진은 출입 절차에 필요한 수어 애니메이션 콘텐츠를 새로 제작하고 입술을 당기는 모습, 얼굴을 좌우로 기울이는 모습 등 정교함에 더욱 심혈을 기울여 실제 얼굴 표정과 같은 다양한 모습을 구현할 수 있게 되었다.

아바타 수어 영상 번역 워크플로우 개념

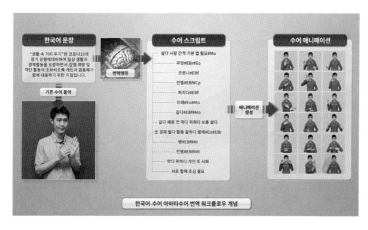

출처- ETRI

수어 애니메이션 영상은 한국농아인협회 감수를 거쳐 중요한 정보를 놓치지 않도록 만들었다. 전자통신연구원과 공동으로 프로젝트를 수행한 한국농아인협회 측은 "병원에 갈 때마다 제대로 된 문진표 작성 안내가 없어 많이 불편했다. 시·청각장애인들도 중요한 정보로부터 소외받지 않고 스스로 대응을 할 수 있도록 연구진의 기술이 더욱 많이 보급되면 좋겠다"고 밝혔다.

연구진은 병원 출입뿐 아니라 진료 과정이나 공공시설 민원 안내, 온라인 학습 시스템 등 생활 정보와 다양한 의사소통에서도 아바타 수어 기술 성능을 향상시키기 위해 노력하고 있다. 또 VOD, OTT 등 미디어 콘텐츠 전반을 대상으로 자막, 수어 번역 대상 분야를 확대해 나갈 계획이라고 밝혔다.

아바타 수어 시스템을 개발하기 위해 프로그래밍을 진행하는 연구진

출처- ETRI

시각·청각장애인들이 아바타 수어 기술 덕분에 더욱 쉽게 병원을 이용할 수 있게 되면서 아픈 사람 누구에게나 정보의 격차 없는 의료 서비스의 길이 열리고 있다.

작은 과학 마을 대덕의 반란

5) 장애인 취업 돕기, 초실감 콘텐츠 기술로 해결

'장애인을 위한 맞춤 직업훈련'이라 하면 보통 오프라인을 떠올릴 것이다. 그러나 증강현실을 통해 획기적인 장애인 직업훈련의 길이 열렸다. 한국전자통신연구원은 따뜻한 정보통신 기술(ICT)을 이용해 장애인의 직업훈련을 시행하고 실제 대기업으로 취업시켜 화제가 되고 있다. 여기 등장한 것이 '장애 맞춤 초실감 인터랙티브 콘텐츠 핵심 기술'인데 발달장애인들을 대상으로 가상 세계를 활용한 직업훈련에 적용하는 기술이다.

발달장애인이 많이 진출하는 분야인 바리스타 및 스팀 세차 직종에 우선 콘텐츠 기술을 개발해 직업훈련을 적용했는데, 직무 숙련에 필요한 반복훈련과 단계, 수준별 훈련이 가능해 실제 고용이 가능한 수준으로 성장하는 데 큰 도움이 된다는 평가를 얻었다.

연구진이 바리스타 가상훈련 콘텐츠와 스팀 세차 콘텐츠를 대전발달장애인훈련센터와 서울남부발달장애인훈련센터에 설치해 교육을 실시한 결과 교육생 가운데 5명은 실제 대기업의 바리스타로 취업했다.

발달장애인을 위한 바리스타 직업 맞춤형 VR 실습 / 실수를 하면 시스템이 즉시 바로잡는다.

출처- ETRI

이 기술을 좀 더 자세하게 말하자면 바리스타 과정의 경우 특수교육 교수법인 '중재 기법'을 콘텐츠에 적용하여 맞춤형 가상훈련을 가능하게 하는 것이며 스팀 세차 과정은 실제훈련과 유사한 감각으로 실감 나게 가상훈련을 체험하기 위한 실-가상 혼합 인터랙티브 콘텐츠 기술이 적용되고 있다.

실제로 이 기술은 바리스타의 경우 커피를 만드는 각 과정에서 안내를 받는다. 예를 들면 커피를 제조하면서 가상 객체와 부딪히면 컨트롤러에 진동이 전해져 쉽고 실감 나게 기술을 익힐 수 있다. 마치 현장에서 직접 기계를 다루는 것 같은 느낌을 가져갈 수 있는 것이다.

아울러 스팀 세차 가상훈련도 세차를 연습하는 과정에서 압력 센서를 통해 훈련을 잘 수행하고 있는지 자동으로 분석한다. 잘못된 동작을 취할 경우 실시간으로 음성안내를 제공하고 훈련이 마무리되면 결과를 수치화해 알려 준다. 실제 작동부터 모니터, 피드백까지 완벽하게 전달되기 때문에 비장애인의 웬만한 현장 실습보다 더 체계적이라고 볼 수 있다.

발달장애인을 위한 VR 가상 세차 실습, 체험자 행동을 인식해 실질적인 움직임과 인터랙션이 가능하다. / 체험자 행동을 인식해 실질적인 움직임과 인터랙션이 가능함을 보여 주는 CG

　　　　　　　　　　　　　작은 과학 마을 대덕의 반란

출처- ETRI

　　연구진은 발달장애인훈련센터에서 본 기술을 리빙랩(Living Lab) 방식의 시범 서비스로 운영한 뒤 그 실효성을 인정받아 실제 고용과 연계된 직업훈련 프로그램에 적용했다. 발달장애인에게도 양질의 일자리를 제공할 수 있는 기회가 확대될 것으로 기대되고 있다.

　　연구진은 실질적인 장애인 직업훈련이 증강현실(AR)과 가상현실(VR) 기술을 통해 더욱 폭넓게 제공될 수 있도록 카셰어링(자동차 공유 시스템) 관리사 등 장애인 취업률이 높은 직종을 중심으로 직업훈련 콘텐츠 개발을 지속적으로 확대할 계획이다.

ETRI 연구진이 VR 콘텐츠 개발을 위해 기술 논의를 하고 있는 모습

출처- ETRI

✦ 대한민국 과학 패러다임을 바꾸는 IBS

　기초과학 분야 투자와 연구가 부족하다는 건 대한민국 과학에서 늘 있어 온 이야기다.

　눈앞의 경제 효과 때문에 단기적 성과에 급급해 장기, 대형, 집단 연구에 소홀하다는 것이다. 하지만 기초과학연구원(IBS)이 등장하면서 얘기는 달라진다.

　수학과 물리·화학·생명과학·융합 등 분야에 32개 연구단을 운영해 우리가 사는 세계에 대한 논리적 이해와 발견을 도모하는 곳이 IBS다. 기존 과학의 역사를 새로 쓰고 패러다임을 바꾸는 자들, IBS의 과학자들이다.

1) 세계 최초, 최고 성능의 희귀동위원소 실험시설을 꿈꾸다. '라온(RAON)'

유럽에 썬(CERN)이 있다면 대한민국에는 라온(RAON)이 있다

　겉으론 그저 평범한 유럽의 작은 전원도시처럼 보이지만, 전 세계 물리학도들에겐 성지와 같은 곳이 있다. 바로 '썬(CERN)'이다. 썬은 원래 유럽입자물리연구소의 약칭이지만, 세월이 흐르면서 그대로 지명으로 굳어졌다. 그만큼 물리학의 대명사가 된 것이다.

　썬은 어떤 곳일까? 2차 세계대전 직후 유럽의 우수한 두뇌들이 미국으로 빠져나가는 것을 막기 위해 유럽 12개국이 핵과 입자물리학 연구를 목적으로 설립에 착수해 1954년에 준공한 공동연구소다.

　작은 과학 마을 대덕의 반란

썬의 상징인 Globe와 Sculpture. 여기에는 과학 역사상 가장 유명한 문구들과
공식들이 시간 순서대로 쓰여 있다.

출처- 유럽원자핵공동연구소

특히 1994년부터 건설이 시작돼 무려 29억 달러(약 3조 3천억 원)를 투입한 끝에 지난 2008년 완공된 세계 최대의 강입자가속기(LHC, Large Hadron Collider)가 137억 년 전 우주를 탄생시킨 빅뱅(대폭발)의 비밀을 밝혀 줄 것으로 기대를 모으고 있다.

총 길이 27km에 달하는 강입자가속기 터널은 스위스와 프랑스 국경을 넘나드는 지하 100m에 묻혀 있기 때문에 지상에는 전력 공급시설을 제외하고는 눈에 띄는 시설이 거의 없다.

썬은 본래 설립목적인 입자물리학 연구 활동 외에 효율적인 자료 검색과 공유를 위해 오늘날 누구나 사용하는 인터넷의 '월드와이드웹(www)'을 최초로 고안했고, 지난 2008년에는 전 세계 140여 개 컴퓨터 센터의 정보 기술(IT) 능력을 하나로 결합시킬 수 있는 '컴퓨팅 그리드' 기법을 발표했다. 부수적인 성과만으로도 인류의 삶을 바꿔 놓은 새로

운 발상들을 일궈 낸 것이다. 현재 썬에서 연구 중인 물리학자들은 우리나라를 비롯해 전 세계 80여 개국 출신 7천여 명에 달하며, 엔지니어들도 7천여 명에 이른다. 전 세계 입자물리학자의 약 50%가 연중 30% 이상을 썬에 머물며 연구 활동을 한다는 추산도 나와 있다. 이 얼마나 놀라운 일인가.

중이온가속기 라온의 배치도

출처- IBS

대한민국 대덕특구에도 단군 이래 최대 기초과학 프로젝트로 불리는 라온(RAON) 중이온가속기 건설 구축 사업이 공정률 절반 이상을 넘어서며 기대감이 커지고 있다. 중이온가속기는 원형인 유럽입자물리연구소(CERN)의 가속기와 달리 직선형으로 건설된다. 우리만의 독자적인 기술로 세계를 놀라게 할 준비를 하고 있는 것이다.

중이온가속기: 전자를 잃거나 얻어 전기를 띠게 된 원자 중 헬륨
이온보다 무거운 이온을 빛의 속도에 가깝게 가속시킨 후 표적

작은 과학 마을 대덕의 반란

물질에 충돌시킴으로써 자연상태에 존재하지 않는 새로운 희귀 동위원소를 만들어 내는 최첨단 거대 연구시설이다.

세계는 왜 중이온가속기에 주목하나?

인류는 탄생 이후 질병과 끊임없는 싸움을 벌여 왔다. 어떤 질병을 극복하면 이내 새로운 질병이 나타나 인류를 위협하는 양상이 반복되어왔다. 인류는 과학기술과 의학 발전을 통해 많은 질병을 이겨 냈지만, '암'이라는 질병은 여전히 넘어야 할 큰 산으로 남아 있다.

국가암정보센터에 의하면 우리나라 국민이 기대수명인 83세까지 생존한다면 암에 걸릴 확률은 37.4%에 달한다. 또한 2020년 전체 사망자 중 27%가 암으로 사망할 정도로 암은 위협적인 존재다. 암은 알려진 것만 100여 종에 이르며, 그에 대해 의학적으로 다양한 치료법들이 사용되고 있다.

그중 대표적인 치료법은 X선이나 감마선을 이용하는 방사선 치료이다. 그런데 방사선 치료는 암이 있는 곳까지 가는 동안 방사선량이 급감하여 치료 효과가 크지 않을 수 있고, 정상세포도 손상시킬 수 있다는 문제가 있다. 그러면 구토, 설사, 탈모, 피로, 식욕 감퇴 등 심각한 부작용을 동반하게 된다. 이러한 한계를 극복하기 위해 탄소-12(C-12)의 중이온 빔을 이용하는 방법이 새로 개발되었다. 흔히 중입자 치료로 알려진 이 방법은 기존 의료 기술로 완치하기 어려운 암을 효과적으로 치료할 수 있어 '꿈의 암 치료'라고도 불린다.

중입자 치료의 원리는 탄소 속의 중이온을 빛 속도의 70%까지 끌어올려, 초당 10억 개의 원자핵 알갱이를 몸속으로 보내 암세포만 정밀하게 파괴하는 것이다. 방사선 치료와 달리 브래그픽(Bragg peak)을 사용함으로써 3배 더 많은 암세포를 파괴할 수 있다. 게다가 치료 기간도 짧고 정상세포의 손상도 줄여 부작용이 거의 없다. 중입자 치료를 사용하면 5년 생존율이 30% 이하인 3대 난치암(폐암, 간암, 췌장암)의 생존율이 2배 이상 높아진다는 통계도 있다. 특히 치료가 어려운 두경부암, 악성 뇌종양, 흑색종 등에도 효과가 탁월하다.

현재 일본과 독일이 중입자 치료 원천 기술을 확보해 가장 앞서 있고, 오스트리아와 스위스 등도 치료센터를 운영하고 있다. 중입자 치료가 가능한 의료기관은 세계적으로 10여 곳에 불과하다. 중입자 치료기 구축·운영에는 많은 비용이 필요해서, 뛰어난 치료 효과에도 불구하고 확산이 더디기 때문이다. 국내에서도 연세암병원과 서울대병원이 각각 서울과 부산에 치료센터를 구축 중이며, 수년 내에 환자 대상 치료가 이뤄질 예정이다. 중이온가속기 라온이 완공되면 이런 중입자 치료를 통해 암을 정복하는 계기가 될 것으로 기대하고 있다.

세계 과학계의 이목이 대한민국에 집중되다

이런 가운데 지난 2015년부터 중이온가속기에 세계 과학계의 이목이 대한민국에 집중되고 있다. 국내 기술로 자체 설계·제작한 초전도 가속관이 잇따라 세계 최고 수준의 성능을 공인받은 덕이다.

한국형 중이온가속기 라온의 저에너지 구간 초전도가속장치(IBS)

IBS 중이온가속기건설구축사업단 전동오 박사는 HWR(Half Wave Resonators) 타입 초전도 가속관을 만들어 캐나다 국립입자핵물리연구소(TRIUMF)에 테스트를 맡긴 결과 설계치 대비 200% 성능을 확인했다.

가속기는 강력한 전기장을 이용해 입자를 광속(초당 약 30만km)에 가깝게 가속하는 장비다. 입자 종류에 따라 방사광(전자)·양성자·중이온 가속기 등으로 분류된다. 양성자는 수소 원자에서 전자를 떼어 낸 이온, 중이온은 탄소·우라늄 등 수소보다 무거운 원소의 이온을 가리킨다.

입자를 빛의 속도에 가깝게 가속시키면 태양보다 훨씬 밝은 빛을 내거나(방사광 가속기) 새로운 물질을 만들어 낼 수 있다(양성자·중이온 가속기). 역대 노벨물리학상 수상자 다섯 명 중 한 명은 가속기로 연구를 했을 만큼 현대 기초과학 연구의 핵심장비로 꼽힌다. 산업용 동위원소를 만들거나 암 치료에 쓰이는 등 실용적 가치도 점점 높아지고 있다.

초전도 가속관은 이 같은 가속기에 쓰이는 진공관으로 절대 온도 0도(영하 273.15도)에서 전기저항이 '0'이 되는 초전도 현상을 일으킨다. 가속관을 초전도로 만들면 입자를 쉽게 가속할 수 있어 가속기의 길이가 짧아지고 그만큼 건설 비용도 줄어든다. 일반 가속관은 투입되는 전기 에너지의 50% 이상이 열로 버려지는 반면, 초전도 가속관은 이런 '낭비'가 없어 운용 비용도 절감할 수 있다.

라온, 세상에 없던 세상을 꿈꾸다

과학기술정보통신부와 IBS가 추진하는 라온에는 의생명과학 연구를 위한 빔 조사시설이 포함되어 있다. 최근 중입자 치료에 사용되는 중이온 빔을 탄소-12가 아닌 헬륨-4 같은 다른 종류의 동위원소를 이용하는 기초 연구가 활발히 진행되고 있다.

중이온가속기 라온의 희귀동위원소 생성 원리

희귀동위원소 생성원리

이온
발생 → 가속 → 표적 충돌 → 실험 A
실험 B
실험 C
⋮
실험 n

입사기　　　　가속장치　　　희귀동위원소 빔 생성 및 분리 장치　　　실험장치

출처- IBS

　라온은 양성자에서 우라늄까지 다양한 중이온을 생성하고, 이를 가속시켜 물질핵 변화를 통해 희귀동위원소를 발생시킨다. 공급 가능한 희귀동위원소 종류가 가장 많을 것으로 알려지며 우주 기원부터 신소재 개발, 난치암 치료법 개발, 차세대 원자력 발전 기반 연구 등 첨단기초과학 연구 발전에 기여할 것으로 기대된다.

　특히 희귀동위원소를 사용하면 더 큰 치료 효과를 낼 수 있다는 가능성도 주목받고 있다. 라온은 직접적인 암 치료시설은 아니지만, 새로운 동위원소를 이용한 암 치료에 대한 기초 연구를 할 수 있다. 이렇듯 과학의 힘으로 인류가 머지않아 암을 극복하는 신기원을 이룰 수 있으리라 기대해 본다.

2) 한국인 첫 노벨의학상 1순위, RNA 연구단장 '김빛내리 박사'

　2019년 12월 중국 우한에서 처음 발생한 코로나바이러스감염증-19(COVID-19)는 전 세계적으로 퍼져 결국 세계보건기구(WHO)는 2020년 3월 11일 팬데믹(Pandemic, 대유행병)을 선언했다.

　이런 가운데 국내 연구진이 세계에서 가장 정밀한 코로나바이러스의 유전자 지도를 완성했다. 기존에도 바이러스 유전자 지도가 만들어졌으나 인체세포에 들어가 실제로 만들어 내는 유전자까지 정확하게 확인한 것은 이번이 처음이었다.

그 주인공들은 바로 국내 과학계에서 노벨상 후보로 꼽히는 기초과학연구원 RNA 연구단장이자 서울대 석좌 교수인 김빛내리 교수가 이끄는 공동 연구팀이다.

김빛내리 교수: 2012년 IBS RNA 연구단장으로 부임해 RNA와 유전자 조절을 연구하고 있다. 전령 RNA의 분해를 막는 '혼합 꼬리'를 발견(2018, Science)하고, 코로나19의 원인인 SARS-CoV-2의 RNA 전사체를 세계 최초로 분석(2020, Cell)하는 등 독보적 성과를 창출하고 있다.

출처- IBS

연구진은 질병관리본부 국립보건연구원에서 숙주세포에 배양한 코로나바이러스를 받아 사람에게 감염되지 못하게 독성을 없앤 다음, 코로나바이러스가 숙주세포에서 만드는 유전 물질인 RNA를 모두 분석했다. 이 분석을 통해 바이러스 유전자의 정확한 위치를 찾아내는 한편, RNA에 화학적 변형이 최소 41곳에 일어났음을 발견했다.

RNA란 코로나바이러스의 모든 특징을 담은 것으로, 인간 신체의 비밀이 담긴 DNA와 유사하다. 코로나바이러스는 인간의 몸에 침투해 다양한 형태로 쪼개진 하위 RNA를 만들어 낸다.

IBS 연구팀이 코로나19의 원인인 사스코로나바이러스-2의 유전자 지도를 완성했다.

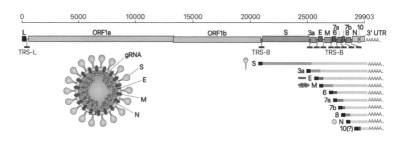

출처- IBS

코로나바이러스는 DNA가 아니라 RNA 형태의 유전자를 갖고 있다. 바이러스는 유전 정보를 가진 RNA와 이를 감싸고 있는 단백질 껍질로 구성된다. 바이러스는 숙주세포에 침투해 자신의 RNA를 그대로 복제하는 한편, 원래 RNA 중에서 바이러스의 돌기(스파이크), 외피 등의 단백질을 만들 하위유전체 RNA를 따로 생산(전사)한다. 말하자면 가장 중요한 설계도의 복제본을 만드는 한편, 설계도 일부를 복사해 필요한 부품을 만드는 식이다. 이 하위유전체가 만든 단백질들이 복제된 전체 RNA와 함께 숙주세포 안에서 조립돼 새로운 바이러스가 된다. 이렇게 숙주세포 안에서 생산된 RNA의 총합을 '전사체(Transcriptome)'라 한다.

이 연구는 향후 코로나 진단시약과 치료제 개발에 결정적 기여를 할

작은 과학 마을 대덕의 반란

수 있을 것으로 기대를 모았다. 질병관리본부와 공동으로 진행된 이번 연구는 차세대 염기서열 분석법을 활용, 코로나19의 원인 병원체인 사스코로나바이러스-2 바이러스의 유전체와 숙주세포로 침투해 생산한 RNA 전사체를 모두 분석했다.

이로써 바이러스 유전자의 정확한 위치를 찾아냈으며, 숨겨져 있던 RNA들과 여러 RNA의 변형도 발견했다. 사스코로나바이러스-2의 복잡하면서도 숨겨진 비밀들을 밝혀 주는 지도를 제시한 셈이다.

또한 이번 연구에서 유전체 RNA로부터 생산되는 하위 유전체 RNA를 실험적으로 규명하는 한편, 각 전사체의 유전 정보를 분석해 유전체 RNA 상에 유전자들의 위치를 정확하게 찾아냈다.

전 세계가 코로나19로 유례없는 확진자를 쏟아 낸 지금. 여전히 완벽한 치료제와 백신 확보를 위한 과학자들의 치열한 전투가 이어지고 있다. 수많은 이들의 목숨이 걸린 선의의 경쟁 속에서 대한민국의 기초과학은 세계적인 명성을 얻고 있다.

김빛내리 단장은 RNA 연구 분야의 석학으로 한국인으로서는 유일하게 세계적으로 가장 권위 있는 영국 왕립학회(The Royal Society)와 미국 국립과학원의 외국인 회원으로 선정됐다.

노벨상 수상 여부를 떠나 질병의 고통을 떨치고 전 인류에게 빛을 가져다줄 김빛내리 교수팀의 다음 연구가 기다려진다.

3) 가장 작은 '나노' 연구로 위대한 기술 만든 현택환 박사
2020 노벨상 수상 유력 후보에 당당히 이름을 올린 대한민국 과학자

2020년 9월, 글로벌 정보서비스 기업 클래리베이트 애널리틱스는 물리, 화학, 생리의학, 경제학 분야에서 노벨상 수상이 유력한 전 세계 연구자 24명을 선정해 발표했다.

여기엔 연구 논문의 피인용 빈도가 상위 0.01% 이내이며 해당 분야에

혁신적으로 공헌해 온 연구자들이 매년 선정된다. 2002년부터 2019년까지 선정된 연구자 중 54명이 실제로 노벨상을 받았으며, 이 중 29명은 2년 내 노벨상을 수상한 기록이 있다.

대한민국에서는 세 번째로 오른 영광스러운 자리. 여기에 크기가 균일한 나노입자를 대량 합성할 수 있는 '승온법'을 개발해 나노입자의 응용성을 확대한 공로를 인정받아 현택환 IBS 나노입자 연구단 단장(서울대 석좌교수)이 이름을 올렸다.

현택환 교수

출처- IBS

현택환 교수는 20년 넘게 나노과학 분야를 연구해 온 세계적 석학이다. 지금까지 발표한 400편 이상의 선도적인 논문들은 관련 연구자들에게 귀감이 되고 있다. 그중 7편의 논문은 1,000회 이상 인용됐다. 또한 그의 균일한 나노입자 생성법 '승온법' 연구 논문은 3,000회 이상 피인용되며 노벨 화학상 후보로까지 꾸준히 거론되고 있다. 화학 분야에서 1,000회 이상 인용된 논문의 수는 전체 논문의 약 0.025%에 불과하다.

크기가 균일한 나노입자를 대량으로 합성할 수 있는 '승온법'

현 교수는 서울대 교수로 임용될 당시 미국 박사 과정에서 연구해 왔던 분야가 아닌 새로운 분야에 도전해 보자는 결심을 했고, 그 당시에 떠오르던 나노과학 분야 연구에 뛰어들게 됐다.

그는 완전히 새로운 접근으로 원하는 크기의 균일한 나노입자를 만들어 낼 방법을 고안해 냈다. 기존 방식으로 나노 물질을 합성하면, 입자의 크기가 저마다 다르게 생산돼 필요한 크기의 입자만 골라 사용해야 했다.

다양한 시도 끝에 실온에서 서서히 가열하는 승온법(Heat-up process)으로 바로 균일한 나노입자 합성에 성공했다. 승온법의 산업적 응용을 위한 원천 기술도 개발했다. 균일한 나노입자의 대량 합성 방법을 개발하여 2004년 12월 「네이처머터리얼스」(Nature Materials, 3,000회 인용)에 발표했다. 승온법은 현재 전 세계 실험실뿐만 아니라 화학 공장에서도 표준 나노입자 합성법으로 널리 쓰이고 있다. 승온법은 또 다른 기술로 이어졌다.

세상에서 가장 작은 반도체를 만들다

이어 현 교수와 연구진은 2021년 원자 26개로 구성된 반도체를 개발했다. 이 반도체를 촉매로 활용해 화장품이나 플라스틱의 원료 물질을 얻는 데 성공했다. 이와 함께 세계 최초로 이산화탄소를 '프로필렌 카보네이트'로 만들어 냈다. 망간이온이 바뀐 13개의 카드뮴셀레나이드 클러스터와 13개의 아연셀레나이드 클러스터를 합성해 반도체를 얻었는데, 여기에 승온법을 적용한 것이다.

이렇게 합성된 클러스터 수십억 개를 2차원 또는 3차원적으로 규칙성 있게 배열해 거대구조(Suprastructure)를 합성한다. 이 새로운 거대구조는 1년 이상 안정성을 유지했다. 연구진이 만든 거대구조는 발광효율이

1%에 불과했던 기존 반도체 클러스터 대비 발광효율이 72배가량 향상됐다. 기존 반도체 클러스터는 공기 중에서 30분이 지나면 그 구조에 변형이 일어나 지금까지 응용 사례가 없었다.

초소형 반도체 만들어 이산화탄소를 화장품 원료로 탈바꿈

또 연구진은 이 반도체를 이용해 이산화탄소 전환 촉매를 만들었다. 이 촉매는 통상적으로 반응이 일어나는 온도와 압력에 비해 저온·저압 환경에서도 이산화탄소를 화장품 및 플라스틱의 원료 물질인 '프로필렌 카보네이트'로 만들었다. 연구진은 카드뮴과 아연이 원자 단위에서 반씩 섞인 클러스터 거대구조에서 두 금속 간의 시너지 효과가 유발돼 촉매 활성이 향상되는 것을 확인했다.

또다시 놀라움을 만들다. '세계 최고 성능 나노박막 전극 개발'

현 교수 연구팀은 높은 전도성, 나노 두께, 우수한 신축성 등을 모두 지녀 피부 부착형 웨어러블 디바이스의 핵심 부품으로 응용이 기대되는 고성능 나노박막 전극도 개발했다. '수상 정렬 방법(Float assembly method)'이라는 새로운 개발 방법을 통해 기존의 방법으로는 불가능했던 것을 구현하는 데 성공한 것이다.

고성능 나노박막 전극은 금속만큼 전기가 잘 통하면서도, 머리카락 두께 1/300 수준(250nm)으로 얇고, 높은 신축성을 지녀 피부 부착형 웨어러블 디바이스의 핵심 부품으로 응용까지 기대할 수 있게 됐다.

피부 부착형 웨어러블 디바이스는 기계적 물성이 피부의 물성과 비슷한 특성을 가져야 하기 때문에 디바이스의 핵심 부품인 전극은 우수한 신축성, 높은 전기 전도성, 얇은 두께는 물론 고해상도 패터닝도 가능해야 한다.

이를 모두 만족하는 전극을 개발하는 것은 매우 달성하기 어려운 목

작은 과학 마을 대덕의 반란

표로 여겨졌지만, 이번 연구로 개발된 '수상 정렬 방법'을 통해 가능해진 것이다.

개발된 나노박막 전극의 전기 전도도는 10만S/cm로 금속과 유사한 수준이며, 원래 길이의 10배까지 늘어나도 기계적 결함 없이 전기적 성질이 유지된다. 두께는 250nm 수준으로 매우 얇아 피부처럼 굴곡이 있는 표면에도 잘 달라붙는다.

또한, 빛에 반응하는 고분자를 이용해 기판에 원하는 회로나 모양을 식각하는, 자외선 포토리소그래피를 이용한 선폭 20μm 고해상도 패터닝에도 성공했다. 나노박막 전극을 원하는 형태로 재단해 다양한 전자소자로 만들 수 있다는 의미다.

현 교수와 연구진의 놀라운 기술 개발은 거의 모든 분야의 웨어러블 디바이스 세계를 바로 눈앞에 펼쳐지게 하고 있다는 평가를 얻고 있다.

나노박막 전극을 이용해 제작한 다기능 웨어러블 디바이스

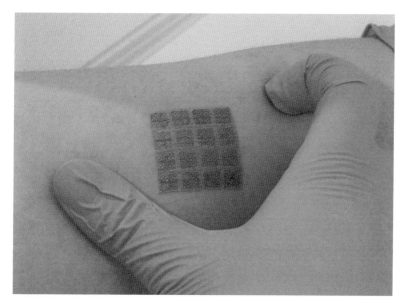

출처- IBS

4) 지하 1,000m에 우주 비밀을 밝혀낼 거대 실험실이?

<u>암흑물질 미스터리 검증 신호탄을 쏘다</u>

한적한 시골 마을, 빛도 먼지도 없는 밤하늘을 바라보고 있노라면 별빛이 쏟아지는 장관이 펼쳐진다. 무수히 많은 별, 대체 우주엔 얼마나 많은 별이 있을까? 하지만 실제로 별이 우주공간에서 차지하는 비중은 채 5%가 되지 않는다. 그렇다면 나머지 많은 부분은 무엇이 차지하는 것일까? 과학자들은 26.8%, 우주의 4분의 1이 '암흑물질(Dark Matter)'일 것으로 추정하고 있다.

암흑물질은 우주공간의 26.8%를 차지할 것으로 추정되는 가상의 입자다.

출처- NASA

암흑물질은 눈에 보이지도 않을뿐더러 다른 물질과의 상호작용도 거의 없어 관측이 어렵다. 인간의 역사를 통틀어 암흑물질의 흔적을 발견한 연구팀은 전 세계에서 단 1팀뿐이다. 이탈리아 그랑사소 입자물리연

작은 과학 마을 대덕의 반란

구소에 본거지를 둔 다마(DAMA) 국제공동연구팀이 그 주인공이다.

다마 국제공동연구팀은 이탈리아 지하 실험실에서 1995년부터
암흑물질 탐색 실험을 시작했다.

출처- LNGS-INFN

　다마 팀은 1995년부터 지하실험실에 설치한 검출기로 암흑물질 탐색
실험을 시작했다. 3년 뒤인 1998년 검출기엔 계절에 따라 변하는 신호
가 포착됐고, 이 신호를 암흑물질의 유력 후보로 꼽히는 윔프(WIMP) 입
자가 남긴 흔적이라고 주장했다. 지구가 공전 궤도를 지나는 과정에서
암흑물질의 밀도가 다른 지역을 통과하고, 그 결과 신호가 달라진다는
주장이었다.

　하지만 현재까지 세계 어느 연구팀도 다마 팀이 측정한 에너지 범위
에서 윔프의 신호를 발견하지 못했다. 이 때문에 다마 팀이 포착한 신호
가 정말 윔프의 흔적이 맞는지에 대한 논란이 20년째 이어졌다.

지하 1,000m, 우주 비밀을 밝혀낼 거대 실험실

기초과학연구원 지하 실험 연구단이 이 오랜 미스터리를 검증할 신호탄을 쐈다. 독자적인 연구 개발을 통해 다마 팀과 동일한 암흑물질 검출 설비를 개발하고, 지하 실험실에서 2016년부터 본격적인 실험을 시작했다.

강원도 정선의 예미산(해발 989m)에는 남한 유일의 철광산이 있다. 한덕철광만이 한반도 남쪽에서는 철광석을 캔다. '남한 유일의 철광'이라는 명성 말고 이곳을 한국인에게 각인시킬 시설이 들어서고 있다. 예미산 정상에서부터 땅속 1,000m 지점에 '예미랩(Lab)'이라는 대규모 지하 물리 실험연구소가 자리 잡는다. 중성미자와 암흑물질이라는 '우주입자' 실험을 하는 곳이다.

IBS 지하 실험 연구단의 암흑물질 탐색 설비가 위치한 양양 지하 실험실(Y2L)의 모습

출처- IBS

지하 600m 암흑물질 탐색 실험은 고순도의 결정에 암흑물질이 드문 확률로 충돌하는 순간의 신호를 포착하는 원리다. IBS가 주도하는 코사

　　　　　　　　　　　　　　　작은 과학 마을 대덕의 반란

인-100 공동연구협력단은 다마 팀과 동일한 요오드화나트륨(NaI) 결정을 이용하는 실험 설비를 마련하는 한편 더 안정적인 검출 환경을 조성한다. 고체 차폐체에 액체 섬광체를 추가한 이중 차폐 설계를 도입해, 외부의 잡신호를 줄이는 동시에 내부에서 만들어지는 방사능도 줄였다. 또 기계학습(Machine-learning)을 접목해 인공지능으로 윔프의 신호가 아닌 잡신호를 선별해 낼 수 있는 기술도 추가했다.

코사인-100 공동연구협력단은 실험 시작 초반(2016.10.20~12.29) 59일간 확보한 데이터를 분석한 결과를 국제학술지 「네이처」 12월 6일자에 발표했다. 동일한 설비를 이용했음에도 이번 실험에서는 다마 팀의 주장과 달리 윔프의 흔적이 발견되지 않았다.

다마 팀의 주장이 맞다면 해당 기간 동안 약 1,200개의 신호가 검출돼야 하지만 연구팀의 관측 결과 윔프로 예상되는 신호는 관측되지 않았다. 다마 팀이 발견한 신호가 암흑물질에 기인하지 않을 수 있다는 가능성을 제시한 것이다.

코사인-100 검출기의 모식도. 납 차폐체 안쪽에 40cm 두께의 액체 섬광체로 검출기를 한 번 더 감싸 안정적인 검출 환경을 구축했다.

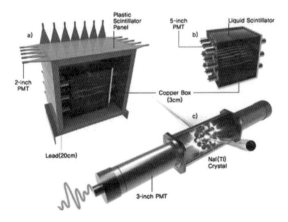

출처- IBS

코사인-100 공동연구협력단의 초기 실험은 다마 팀이 관측한 신호가 보편적인 암흑물질모델과 일치하지 않는다는 것을 증명한 결과다. 학계는 다마 실험을 완벽히 재현할 수 있는 설비를 마련하고 검증 연구를 시작했다는 것만으로도 주목했다. 연구팀은 추가 실험을 통해 본격적으로 데이터를 확보하기 시작하면 향후 5년 내 암흑물질을 둘러싼 미스터리를 해결할 수 있을 것으로 기대하고 있다.

현재 IBS 지하 실험 연구단이 구축 중인 정선 지하 실험실의 엘리베이터시설.
초속 4m의 엘리베이터는 600m 깊이의 수직 갱도를 따라
연구자들을 지하공간으로 데려다줄 예정이다.

출처- IBS

코사인-100 공동연구협력단: 코사인-100 실험 운영을 위해 구성된 15개 기관 50여 명의 국제공동연구진. 국내에서는 IBS의 주도로 서울대, 고려대 세종캠퍼스, 성균관대, 이화여대, 세종대, 경북대, 한국표준과학연구원, 과학기술연합대학원대학교(UST)가 참여했다. 국외에서는 미국 예일대, 미국 일리노이대, 미국 위스콘신대, 영국 셰필드대, 브라질 상파울루대, 인도네시아 반둥공

작은 과학 마을 대덕의 반란

과대가 참여했다.

_출처: 기초과학연구원, 「암흑물질 미스터리 검증 신호탄 쐈다」

✦우주를 우리 품 안에

밤하늘을 보라. 우주는 무한하다. 심연을 향한 인류의 도전은 계속되고 있다. 인류가 보낸 척후병인 보이저 1호와 2호는 태양계를 벗어나 성간 우주(Interstellar)에 있고 화성과 목성, 그리고 달에 대한 탐험도 계속되고 있다. 그리고 지구 상공에는 수많은 인공위성이 올라 지구 환경을 살피고 우주에 어떤 존재가 있는지 탐색하고 있다.

우주를 마음껏 누비는 나라가 세상을 지배한다. 15~16세기 유럽의 큰 범선이 대서양을 헤집고 다니며 세상을 정복했던 것처럼. 늦었지만 우리도 새로운 도전을 시작하고 있다. 그리고 불과 30년 만에 이뤄진 대한민국의 눈부신 도약에 전 세계가 놀라고 있다. 지금 이 시각 대덕연구개발특구에서 우주개발의 꿈이 한창 무르익고 있다.

1) 다시 달을 향하는 인류… 대한민국도 있다

지난 1969년 7월 20일 오후 4시 17분 40초. 고요의 바다(Sea of Tranquility)라 불리는 달의 북동쪽 평원에 먼지가 피어올랐다. 사람들은 그곳에 '바다'라는 이름을 붙였지만 그곳에는 물 대신 수억 년 쌓인 먼지가 존재할 뿐이었다. 오랫동안 상상과 동경의 대상이었지만 어느 누구도 가 본 적이 없는 곳이었다. 닐 암스트롱은 지구를 벗어나 또 다른 땅에 발을 내디딘 첫 번째 인간이었다. 그렇게 인류의 달에 대한 도전은 성공했다.

닐 암스트롱이 촬영한 버즈 올드린과 착륙 모듈 이글호

출처- NASA

착륙 모듈 이글호에서 휴식을 취하는 닐 암스트롱

출처- NASA

작은 과학 마을 대덕의 반란

아폴로 11호를 시작으로 모두 6기의 아폴로 우주선을 타고 12명의 우주인이 달을 밟았다. 그리고 1972년 아폴로 17호 우주인 유진 서넌이 마지막으로 달에서 걸은 것을 끝으로 인류는 더 이상 달에 가지 않았다. 미국과 (구)소련의 우주전쟁은 더 이상 진행되지 않았고 이미 달에 다녀온 이상 또다시 막대한 돈을 우주공간에 뿌리는 것은 의미가 없다고 판단했기 때문이었다.

이후 다시 달을 향하는 인류의 발걸음이 시작됐다. 제2의 지구를 찾는 인류가 가장 유력한 후보지로 화성을 꼽고 있는데 화성에 가기 위한 중간 기착지로 달이 유력해진 것이다. 또 달에 있는 수많은 자원도 탐을 내기에는 충분한 것이었다.

우주에 관한 한 절대 강자인 미국은 유인 달 착륙 프로그램인 아르테미스(Artemis) 사업을 추진하고 있다. 여기에 유럽연합의 우주 분야 모임체인 유럽우주국(ESA)과 중국, 일본, 인도 등 우주 선진국들이 함께한다. 특히 최근에는 혁신과 도전, 새로운 기회로 상징되는 뉴스페이스(New Space) 시대에 민간 스타트업까지도 달탐사는 물론 더 먼 우주탐사에 참여하고 있다.

중국의 달탐사선- 창어 / 일본 달탐사선 착륙 로버

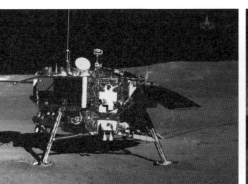

출처- CNSA / 출처- JAXA

세계가 달에 다시 주목하는 이유는 달이 부존자원 확보와 화성 등 심우주탐사를 위한 중간 기착지로 활용될 가능성이 있기 때문이다. 그동안 유인 및 무인탐사를 통해 달에는 물과 헬륨3(He3), 우라늄, 희토류 등의 희귀자원이 있는 것으로 확인됐다.

현재까지 무인 달착륙에 성공한 국가는 미국과 (구)소련, 중국뿐이며 달 궤도에 탐사선을 보내 성공한 국가는 미국과 (구)소련을 포함해 일본, 유럽, 중국, 인도 6개국에 불과하다.

우리나라도 달을 향한 도전장을 내밀었다. 그 원년이 2022년. 역시 달에 가는 우주선 제작의 주인공은 대덕연구개발특구의 한국항공우주연구원(KARI)이다. 첫 달탐사선인 시험용 달 궤도선(KPLO, Korea Pathfinder Lunar Orbiter)은 달 100km 고도를 비행하며 달 관측 임무를 수행하는 무인탐사선이다. 항공우주연구원이 시스템, 본체, 지상국을 총괄하고 6곳의 국내 대학과 연구기관, 그리고 미국의 NASA가 탑재체와 심우주통신, 항행 기술을 지원하는 협력체계로 추진됐다.

시험용 달 궤도선(KPLO, Korea Pathfinder Lunar Orbiter)은 가로, 세로, 높이 각각 1.82m, 2.14m, 2.29m 크기의 본체와 6개 탑재체로 구성됐다.

발사 전 시험 중인 달탐사선 실물

출처- KARI

한국 달탐사선 그래픽

출처- KARI

　시험용 달 궤도선 개발 과정에서 우리나라는 궤도선 본체 및 탑재체 개발, 심우주 지상국을 구축한다. 특이한 점은 우리 연구기관들과 미국 NASA와의 국제협력이다. NASA의 탑재체를 싣고 궤도선 추적, 통신 지원, 심우주 항법 서비스 지원 등의 임무를 우리가 수행하는 것이다.

　달탐사는 가까운 지구 궤도가 아닌 심우주를 향하는 만큼 다양한 기술이 필요하다. 탐사선 설계와 제작 기술, 달까지의 정밀한 비행 등 항법 및 제어 기술, 달 궤도 진입 기술 등 해결해야 할 것들이 많다. 연구진은 일단 경량화 설계를 적용한 궤도선과 대용량 추진 시스템 기술 개발, 달까지의 항행 기술에 주력했다. 또 지구와 달의 통신을 위해 대형 심우주 안테나 구축 등 끊김이 없는 통신 기술을 확보하는 것도 목표다.

　따라서 이 같은 기술 개발을 위해 한동안 달에 가지 않은 미국 NASA와 협력하고 있고 NASA는 기술 검증 차원에서 심우주통신, 항행 기술을 지원협력하고 있다.

달에 가는 한국… 대덕연구개발특구 기술의 총집합

　항공우주연구원은 우선 달 궤도선의 무게를 줄이기 위한 경량화 설계부터 시작했다.

궤도선의 탑재 컴퓨터, 전력 제어와 분배장치, 하니스 등 전장품에 대한 경량화(80kg 이상 → 50kg 수준)와 신호전원 분배 시스템의 저전력화, 달 궤도 진입에 필요한 30N급(4기) 대용량 고출력 추진 시스템 국산화에 나섰다. 또 심우주용 고출력 송신 시스템, 저잡음 수신기 등 직경 35m의 대형 안테나 시스템도 개발했다.

우리 달 궤도선을 궤도에 올려 주는 발사체는 미국 '스페이스X'사의 팰컨9 로켓이다. '스페이스X'는 그 유명한 일론 머스크가 만든 우주선 발사 업체다. 발사 후 우리 궤도선은 태양과 지구 등 주변 천체 중력을 활용해 달 궤도에 접근하는 '달 궤도 전이 방식(BLT/WSB)'을 이용해 달로 향한다. 달 궤도 진입 후 초기시험을 거친 뒤 달 표면 촬영을 시작한다. 달 궤도선의 발사는 당초 2020년 12월 발사에서 2022년으로 연기된 바 있다.

그럼 시험용 달 궤도선과 함께한 6기의 탑재체를 살펴보자.

한국지질자원연구원에서는 달 표면을 이루는 원소의 성분과 분포 양상을 알 수 있는 감마선 분광기를 개발했고 항공우주연구원은 추후 착륙선이 내릴 후보지를 찾기 위한 5m급의 고해상도카메라를 탑재시킨다.

또 천문연구원이 개발 중인 광시야 편광카메라는 달 전체 표면의 영상을 찍는 한편 달탐사선의 착륙 후보지를 물색한다. 경희대학교 연구팀은 달 표면에서 100km 상공까지의 자기력을 측정할 자력계인 달 자기장 측정기로 참여하며 전자통신연구원은 지연-내성 네트워크를 시험하는 우주 인터넷시험장비를 개발하고 있다.

미국 NASA의 섀도우캠은 물에 대한 증거를 찾기 위해 달 표면에서 영구적으로 그림자가 있는 지역의 반사율을 지도로 나타낼 예정이다.

작은 과학 마을 대덕의 반란

한국천문연구원이 개발해 달탐사선에 탑재하는 광시야 편광카메라

출처- KASI

우리는 BLT/WSB 방식으로 달에 가다

그럼 달에는 우주선이 어떤 길을 거쳐 가는 걸까? 달에 가는 궤도는
크게 직접천이(Direct Transfer), 3.5 전이 궤도(3.5 Phasing Loop Transfer),
달 전이 궤도(BLT, Ballistic Lunar Transfer) 등이 있다. 아폴로 프로그램 등
에서 사용된 직접천이 방식은 약 5일 이내의 시간이 소요되는 방법으로
지구 발사 후 직접 달에 도착한다. 인도의 찬드라얀 프로그램에서 사용
한 3.5 전이 궤도는 지구 근처를 긴 타원 궤도로 몇 차례 공전한 후에 달
궤도에 진입하는 방식이다. BLT/WSB 방식은 지구-태양 간의 L1 라그랑
주 지점까지 비행하는 방법으로 탐사선의 연료 소모량을 최소로 사용하
기 위해서 고안됐다.

> 라그랑주 포인트(Lagrangian Point): 공전하는 2개의 천체 주변에
> 중력(구심력)과 원심력이 균형을 이루는 지점. 두 천체의 중력이
> 서로 팽팽하게 균형을 이루기 때문에 어느 쪽에도 끌려가지 않
> 고 가만히 있을 수 있는 지점을 말한다.

달 궤도선 KPLO는 발사 후 타원 궤도인 전이 궤도(Transfer Orbit)에 들
어간 뒤 발사체와 분리된다. 이어 태양전지판이 태양을 바라보도록 한

뒤 자동 전개된다. 이어 전이 궤도에서 표류 궤도로 진입하기 위해 액체 원지점엔진(LAE) 분사에 의한 궤도 상승 과정을 밟는다. 위성이 자세를 잡게 되면 총 5번의 엔진 분사를 통해 타원 궤도에서 원 궤도(표류 궤도)로 상승한다. 그런 다음 위성에 장착된 별 센서와 궤도 정보를 이용해 임무를 수행하기 위한 지구지향 자세를 획득, 최종적으로 임무 자세를 잡는다.

시험용 달 궤도선(KPLO)이 달에 가는 여정

출처- KARI

우리 시험용 달 궤도선(KPLO)이 발사한 뒤 초기 운영에는 스웨덴과 협력한다. 스웨덴 우주협회 SSC(Swedish Space Corporation)의 네트워크 운영센터(Esrange)를 통해 이탈리아, 호주, 칠레, 미국 하와이 등 4개의 해외 지상국과 24시간 교신이 가능하다. 해외 지상국 네트워크 운영센터와의 원격 운용은 한국항공우주연구원 위성운영센터에서 수행한다. 시험용 달 궤도선(KPLO) 발사 및 초기 운영 이후 궤도상 시험(발사 2주후)부터는 국내 지상국을 운영할 예정이다.

2030년 진짜가 달에 간다

앞서 말했던 대로 지금까지 달에 유인 혹은 무인 착륙선을 보낸 건 미국과 (구)소련, 중국이 유일하다. 미국은 아폴로 프로젝트를 통해 12명의 우주인을 보냈고 (구)소련과 중국은 무인탐사에 성공했을 뿐이다. 또 일본과 인도, 유럽우주국은 궤도를 도는 탐사선을 보냈다. 한국은 다른 우주 프로그램과 마찬가지로 달탐사에서도 늦었지만 빠른 속도를 보이고 있다. 2030년은 궤도선뿐 아니라 착륙선을 보낸다는 계획이다. 원래 한국은 박근혜 정부 시절 2018년 달에 궤도선을 보내고 2년 뒤인 2020년 달에 실제탐사선을 착륙시킨다는 계획을 세운 바 있다. 하지만 현실과 너무 동떨어진 정치적인 캠페인에 불과하다는 지적이 일었고 지금은 보다 현실적으로 계획을 수정했다고 볼 수 있다.

한국항공우주연구원 지상국

출처- KARI

2030년 항공우주연구원은 자체 제작한 궤도선을 보내 달 주변을 탐사한 다음 곧이어 착륙선을 달 표면으로 내려보낼 예정이다. 그리고 착륙선 아래의 문이 열리면 로버(Rover), 즉 월면(月面)전차가 내려 스스로 돌아다니면서 곳곳을 탐색하게 된다. 이미 2022년 달에 가는 루트를 알게 된 만큼 착륙선과 로버를 보내는 것만 연구하면 된다. 물론 이 과정에서 로버 작동이 중단되지 않도록 원자력전지 기술 등도 개발될 것이다. 사실 이미 우리 연구진에서는 착륙선과 로버를 운용하기 위한 충분한 연구가 되어 있는 상태다.

대한민국 달착륙선과 로버

출처- KARI

작은 과학 마을 대덕의 반란

2015년 항공우주연구원과 TJB가 대전월드컵구장에서 벌인 달탐사 이벤트.
아리랑 3A호가 촬영했다.

출처- TJB

우주개발의 후발주자인 대한민국이 전 세계 3개 나라밖에 가지 않은
길을 가겠다고 한다. 무모한 도전이지만 지금까지 우리 우주개발이 그
런 길을 걸었듯 이번에도 성공할 것이라고 자신한다. 늦었다고 포기하
지 않고 열정을 갖고 부지런히 따라가며 지름길을 찾아내는 우리나라
연구진의 특별한 재능은 우리의 꿈을 현실로 만들어 줄 것이다.

2) GPS는 우리 손으로… 한국형 위성 항법 시스템 KPS 곧 등장

차량 내비게이션을 통해 모르는 곳을 찾아가고 비행기가 하늘길을 다
니는 건 당연히 GPS(Global Position System) 덕분이다. 사소한 동네 길찾기
부터 시간 보정, 인공위성 운영 등 이제 우리 생활에서 GPS는 필수불가
결한 존재다. 이렇게 고마운 GPS지만 알고 보면 좀 복잡한 얘기가 있다.

GPS는 미국이 지난 1978년부터 우주공간에 구축해 놓은 위성 항법 시스템이다. 정확히 말하면 미국 공군의 군사용 네트워크로 출발한 것으로 인공위성 31개를 우주공간에 띄워 지구상의 수천만, 수억 개의 단말기에 위치 값을 송신하고 있다. 미국은 GPS 정보를 독점해 오다 지난 1980년 (구)소련의 KAL기 폭파 사건 이후 전 세계에 GPS 정보를 개방했다. 항공기 사고 등의 불행을 예방하자는 차원에서 민간이 자율적으로 이용할 수 있도록 허용한 것이다.

미국 GPS 위성이 지구를 도는 모습

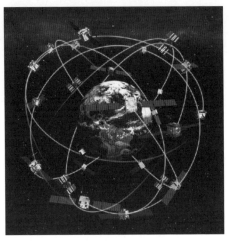

출처- NASA

이제는 너무도 당연한 듯한 GPS. 그러나 무서운 전제를 하나 해 보자. 미군이 만약 GPS 정보를 차단한다면 어떻게 될까? 아마 전 세계는 단 하루도 견디지 못할 만큼 대혼란을 겪을 것이다. 실제 미국은 특정 지역 특정 국가에만 GPS 신호를 차단할 수 있는 시스템을 갖추고 있다. 2000년대 초반 이라크와의 전쟁 당시 미군은 이라크에 제공하던 GPS 정보를 차단했다고 전해진다. mm 단위로 정확히 목표를 찾아 폭격하는

작은 과학 마을 대덕의 반란

미군과 깜깜이 이라크군이 어떤 전투를 벌였을지는 보지 않아도 알 수 있다.

항법 위성이 하는 일

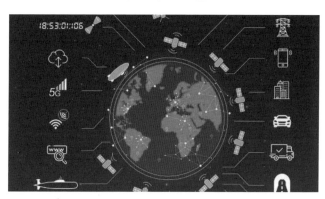

출처- ESA

한국항공우주연구원은 GPS에 절대 의존하던 것을 탈피하기 위해 한국형 위성 항법 시스템 일명 KPS(Korean Positioning System)를 개발하고 있다. 전력·교통 같은 국가 핵심 인프라에 적용되는 위치 시간 정보, 일명 PNT 정보를 미국에만 의존하는 건 너무 위험한 일이기 때문이다.

우리가 추진하는 위성 항법 시스템은 기존 GPS처럼 인공위성 시스템과 지상에서의 운용 시스템, 사용자 시스템 등으로 나눠 개발하는데 항공우주연구원이 맡아 2035년까지 완료할 예정이다. 여기 들어가는 예산이 3조 7천억 원, 가히 천문학적인 금액을 투입하는 대규모 국책 사업이다.

항우연은 정지 궤도(지상 3만 6천km)에 인공위성 3기, 경사 궤도에 항법 위성 5기를 올릴 예정이며 지상에서는 위성관제와 안테나국, 감시국, 임무제어국 등을 설치한 다음 각종 시험평가를 거쳐 일반에 정보를 서비스할 예정이다. 특히 KPS는 오차를 cm급까지만 허용한다는 목표 아래 기술을 개발 중이며 KPS가 담당하는 물리적인 범위는 한반도와 일본, 호주까지 정해졌다. 위성 항법 시스템의 개발 성공은 그냥 위성 정보의 송수신으로 끝나는 게 아니라 어떤 상황에서도 통신·교통 같은 국가 인프라를 안정적으로 운영할 수 있다는 것이며 드론과 자율주행차량 등 관련 산업의 획기적인 발전도 담보할 수 있다는 의미를 담고 있다.

한국형 항법 위성 KPS 그래픽

출처- KARI

물론 GPS 정보는 워낙 중요한 사안인 만큼 우리나라만 위성 항법 시스템을 준비하는 건 아니다. 유럽은 유럽우주국(ESA)이란 조직으로 똘똘 뭉쳐 인공위성 30개를 올리는 갈릴레오(Galileo) 시스템을 개발하고 있고 러시아는 글로나스(GLONASS), 중국은 베이더우 시스템(BDS), 인도와 일본도 각각 7개의 인공위성을 발사해 자신들의 권역을 커버하는 위성 항법 시스템개발에 박차를 가하고 있다.

우리나라가 개발에 성공하면 세계에서 7번째로 항법 시스템을 갖춘 국가가 되는 것인데 우주 분야 후발주자로서 이렇게 스스로 우주 나침반을 갖는다는 건 정말 어마어마한 발전이 아닐 수 없다.

작은 과학 마을 대덕의 반란

갈릴레오 항법 위성 시스템

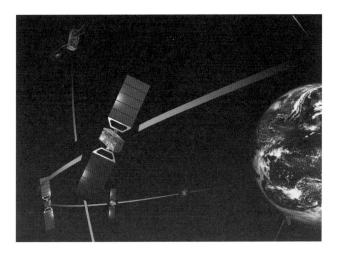

출처- ESA

3) 대양의 시대 주인공은 범선, 우주의 시대는 발사체

15, 16세기는 대양의 시대라 부른다. 태평양을 넘어 또 인도양을 지나 유럽 열강들은 전 세계를 다니면서 식민지를 만들어 갔다. 당시 세계를 주름잡는 강국들에게는 하나의 공통점이 있었다. 바로 대양을 건너는 거대한 범선(帆船)이 있었다는 것이다. 물론 엔진이 아닌 돛을 올리고 노를 젓는 항해술이었지만 당시로써는 최고의 선진 기술을 토대로 배를 만들었고 그 배를 타고 세계를 휘젓고 다닌 것이다. 스페인 여왕의 특명을 받은 콜럼버스가 그랬고 영국과 북유럽의 무법자 바이킹이 그랬다.

우주 시대, 당시의 초대형 범선은 지금은 발사체로 변했다. 인공위성을 실어 올리고 우주인을 태운 우주선을 우주정거장에 보내는 발사체, 일명 우주로켓이다. 반대로 발사체가 없다면 우리는 우주에 인공위성을 보내 지상을 탐지하거나 기상관측, 환경 감시를 할 수 없고 달이나 화성에도 가지 못한다. 미국과 일본, 유럽은 우주에 가지만 우리는 우주에서 아무것도 할 수 없는 것이다. 물론 돈을 내고 발사체를 빌릴 수도 있다.

하지만 돈을 낸다고 언제라도 위성 발사를 맡길 수 있는 건 아니다. 국제적인 정세가 우리 뜻대로만 가는 게 아니기 때문이다.

아폴로 11호를 싣고 이륙하는 새턴5 로켓

출처- NASA

우리나라는 1999년 처음 실용급 지구관측 위성인 아리랑 1호를 발사한 이후 지금까지 모든 인공위성을 해외의 발사체를 이용해 우주로 보냈다. 이 과정에서 아리랑 5호의 경우 우리 인공위성은 문제없이 준비됐지만 발사체 업체의 사정으로 발사가 수년 동안 지연됐다. 우리 위성은 아무런 하자가 없어도 이를 실어 나를 발사체에 문제가 생기면 일정은 미뤄질 수밖에 없다.

전 세계적으로 발사하려는 위성은 아주 많은데 발사할 수 있는 로켓은 매우 제한적이니 당연한 결과다. 택시 승강장에 줄이 아주 길게 서 있는데, 막상 승객을 태울 택시가 띄엄띄엄 들어오는 상황과 같다.

그래서 국력이 센 국가들은 독자적인 발사체 기술을 확보하고 있다.

독자적인 우주발사체는 곧 자주적인 우주 활동의 기본 조건인 것이다.

늘은 출발과 가혹한 조건… 하지만…!

우리는 우주발사체 개발이 늦을 수밖에 없었다. 먼저 발사체 기술은
대량 살상을 초래할 수 있는 미사일과 사실상 동일한 기술이어서 국제
적으로 엄격한 제약을 받는다. 게다가 우리는 미국과 1980년에 '한미미
사일지침'이란 걸 맺고 180km 이상의 미사일은 개발도 보유도 하지 않
는다는 내용을 미국 정부에 약속했다. 주권 국가로서 참 어이없는 일이
었다. 이후 사거리는 500km까지 늘었고 2020년 사거리 제한은 사라졌
다. 하지만 어쨌든 미국이 한국의 미사일 사거리를 40년가량 묶어 놓은
마당에 우주발사체 개발이 제대로 이뤄졌을 리 없었다. 또 로켓 기술을
가진 나라들을 중심으로 더 이상 이 기술을 확산하지 말자는 약속, 미사
일기술통제체제(MTCR)가 맺어져 있을 만큼 로켓 기술은 국제적으로 까
다로운 견제와 엄격한 감시를 받고 있었다.

2021년 5월 한미 정상이 그동안 한미미사일지침에서 규정한 사거리 제한 해제를 발표하고 있다.

출처- 청와대

대한민국, 우주발사체 꿈을 품다

우리나라는 선진국에 비해 30~40년 늦게 발사체 개발에 뛰어들었다. 시작은 한국항공우주연구원의 과학로켓 개발이다. 항우연은 1990년대 수십 명의 연구진이 1단형 과학로켓 KSR-I과 2단형 과학로켓, KSR-II를 개발했다. KSR-I, II는 고체 연료를 사용하는 작은 로켓이었는데, 우주발 사용이 아니라 한반도 상공의 대기층을 조사하는 과학 목적의 로켓이었다.

그러나 고체 연료는 우주발사체로 이어지기는 어려웠다. 기술적인 부족함도 있었지만 국제적인 제약이 컸다. 그래서 액체 연료를 사용하는 KSR-III 개발이 시작됐다. KSR-III 역시 우주발사체용이 아닌 과학로켓이 었다. 길이 14m, 직경 1m, 중량 6톤으로 KSR-I, II보다 크기와 발사 성능 면에서 훨씬 커졌다. KSR-III는 2002년 11월 고도 42.7km, 거리 79.5km 를 비행하면서 독자 개발한 엔진과 관성항법장치, 자세제어, 로켓 발사 운용 기술 등이 제대로 작동한다는 점을 확인시켜 줬다. KSR-III의 비행 은 연구진들이 독자적인 발사체 개발이 가능할 수 있다는 구체적인 꿈 을 품을 수 있는 계기가 됐다.

과학로켓 KSR-1 / 과학로켓 KSR-2 / 과학로켓 KSR-3(우리나라 첫 액체 추진 로켓)

출처- KARI

작은 과학 마을 대덕의 반란

그러나 KSR-Ⅲ는 기술적인 한계도 너무나 명확했다. 엔진은 국내에서 처음 개발한 액체 엔진이라는 의미가 있었지만 우주발사체용으로 쓰기에는 효율이 떨어지는 후진적인 기술이 적용됐다. 이는 당시 우리나라 로켓 기술의 현실이었다.

그즈음 국내에서 발사체 개발을 서둘러야 한다는 여론에 불이 붙었다. 1998년 북한이 광명성 1호를 발사한 것이다. 북한은 인공위성 발사에 성공했다고 대대적으로 선전했다. 광명성 1호를 추적해 보니 지구 궤도 진입에 실패한 것으로 파악됐다. 그러나 그것보다 정말 우리를 불안하게 한 것은 광명성 1호를 발사한 로켓이었다. 북한의 발사체 기술이 우리보다 몇 발 앞서 있다는 사실을 확인해 준 사건이었기 때문이다. 이는 우리나라의 우주발사체 개발 의지를 크게 자극한 계기였다.

우주를 향한 담대한 도전 "우리 땅에서, 우리 발사체로, 우리 위성을"

정부는 가급적 빨리 발사체를 쏘아 올리고 싶어 했다. 그러나 KSR-Ⅲ으로 얻은 기술은 우주발사체에 그대로 적용하기에는 어려운 부분이 많았다. 그 때문에 당시의 우리 기술만으로는 독자적인 발사체 개발은 자신할 수 없는 상황이었다.

그래서 선진국의 가르침을 받는 선에서 발사체 개발에 나섰지만 선진국들은 신진 국가의 발사체 개발에 결코 우호적이지 않았다. 미국은 우리나라의 기술협력은 물론 부품수출도 거절했다. 과거 미국의 도움으로 발사체 기술을 확보했던 일본도 우리 요청을 단호하게 거부했고 프랑스와 중국도 모두 협력 의사가 없었다. 발사체는 누구도 가르쳐 주지 않는 기술이라는 것을 절감할 수밖에 없는 상황이었다.

그 와중에 당시 경제적 어려움에 빠진 러시아가 발사체 기술을 상업적으로 활용하려는 의지가 보였다. 당시 러시아의 급격한 경제 위기 상황은 우리에게는 행운이었다. 그렇게 시작된 것이 한국우주발사체

(KSLV-I, Korea Space Launch Vehicle-I) 개발 사업이었다. 우리의 목표는 100kg급 소형 인공위성을 지구 저궤도에 투입할 수 있는 능력을 가진 발사체를 개발하면서 발사체 기술을 완전히 자립화하기 위한 기술과 경험을 쌓는 것이었다. 총 5,205억 원의 예산이 투입됐고, 10여 년에 걸친 장기적인 대규모 사업이 시작됐다.

KSLV-I은 총 길이 33m, 직경 2.9m, 연료와 산화제를 포함한 무게는 총 140톤의 2단형 로켓으로 설계됐다. 1단은 러시아가 개발했는데 170톤급의 추력을 내는 최신 액체 연료 엔진이 적용됐다. 우리는 인공위성을 최종적으로 궤도에 투입하는 2단을 고체연료 로켓으로 만들었다. KSLV-1호는 나로호라는 우리말 이름으로 바뀌었다. 그리고 2013년 1월 30일, 두 차례의 발사 실패를 극복하고 나로우주센터에서 마침내 발사에 성공했다.

나로호 1차 발사

출처- KARI

작은 과학 마을 대덕의 반란

기술 자립을 위한 플랜 B의 가동

 나로호 사업 기간 동안 언론이나 정부 당국자의 모든 초점은 오직 '나로호 발사 성공'에 맞춰져 있었다. 나로호가 너무나 큰 관심사가 되면서 나로호 발사 성공이 마치 하나의 종결점처럼 인식됐다. 하지만 나로호의 최종 목표는 발사 성공이 아니라 발사체 기술의 자립에 있었다. 그러나 이것은 결코 쉽지 않은 결정이었다. 나로호 개발에 참여한 항우연 연구진은 불과 180여 명. 해외 발사체 개발 회사 직원이 수천, 수만 명에 달하는 것과 비교하면 거의 경이로울 정도로 적은 인원이었다. 이 정도 인력으로는 나로호 사업의 관리만으로도 벅찼다.

 이후 우리는 독자적 발사체인 KSLV-2를 '누리호'라는 이름으로 개발을 진행했다. 나로호를 통해 체득한 기술로 우리 국적의 우주발사체를 만드는 것이었다. 누리호는 1.5톤급 위성을 지구 저궤도 600~800km에 투입할 수 있는 3단형 발사체로 개발됐다. 나로호가 100kg의 작은 과학위성을 우주에 올리는 수준인 데 반해 누리호는 1톤이 넘는 거대한 위성을 실제로 우주공간에 발사하는 명품 로켓이다. 1단에는 75톤 엔진 4개를 묶어 300톤의 추력을 내고 2단은 다시 75톤 엔진 1개, 마지막으로 인공위성을 궤도에 밀어 넣어 주는 3단은 7톤 엔진으로 정해졌다.

누리호 75톤 엔진시험

출처- KARI

2021년 위성 모사체를 태우고 시험비행에 나섰고 정확히 우주 궤도에 밀어 넣지는 못했지만 99%의 성공을 가져왔다. 그리고 2022년 마침내 실제 인공위성을 우주공간에 밀어 넣는다.

발사를 위해 누리호가 이동하는 모습

출처- KARI

누리호의 성공은 수십 년 후발 주자인 우리나라가 그동안의 선진국과의 현격한 기술 차이를 단박에 따라잡았다는 데 의미가 있다. 미국과 프랑스의 거대한 로켓엔진은 아니지만 적어도 우리가 필요할 때 인공위성을 쏠 수 있고 달에 가는 수준은 확보했다는 것이다. 물론 당분간 지속적으로 엔진 개발에 투자해야 하고 성공률 100%의 신화를 쏘아야 한다. 그리고 더 큰 위성과 우주선을 탑재할 발사체를 개발해야 하는 것도 분명 숙제일 것이다. 하지만 미국과 50, 60년 차이, 또 일본과는 첫 우주로켓 발사 시기에서 30, 40년 차이가 있었던 걸 감안할 때 대단한 성과가 아닐 수 없다. 그리고 우주발사체는 대륙간탄도 미사일, ICBM과 기본적으로 같은 기술이다. 적어도 우리 국민들의 꿈을 위해, 또 우리 군사력 발전을 위해 발사체 분야만큼은 아낌없는 응원과 격려, 지원이 필요하며 우리 연구진은 박수를 받을 정도로 충분히 빠른 기술 진보를 보이고 있다.

작은 과학 마을 대덕의 반란

누리호 발사 장면

출처- KARI

4) 인류에 대한 우주의 위협! 미확인 우주물체를 감시하라

사람들은 생활하면서 쓰레기를 남긴다. 물론 재활용을 잘하고 태울 것은 태우며 묻을 것은 잘 골라서 묻는다면 문제가 될 게 없다. 우주도 마찬가지다. 인류는 우주를 개척하면서 수많은 쓰레기를 남겼다. 수명이 다한 인공위성, 위성을 올려 준 로켓의 파편, 위성끼리 충돌해 생긴 잡다한 부품들, 심지어 우주인이 버린 장갑 등 어마어마한 양이 우주공간을 돌고 있다. 우주는 우리 집 앞이 아닌 만큼 쓰레기를 치우는 건 어려운 일이다. 그 쓰레기가 우리가 오늘 또 발사한 인공위성과 함께 지구 상공을 돌고 있는 것이다. 더 큰 문제는 그것이 우리를 위협하는 무기란 점이다.

지구를 둘러싼 수많은 우주쓰레기

출처- ESA

우주쓰레기는 주로 로켓 상단의 폭발로 발생한다.

출처- ESA

우주쓰레기뿐이 아니다. 지구 궤도에는 우리가 모르는 우주물체도 많다. 즉 특정한 시간이면 한반도를 지나가는 것이 있는데 저것이 쓰레기인지 일본이 발사한 첩보 위성인지 알 수 없다. 아니면 무시무시한 외계인의 감시장치인지도 모를 일이다. 그래서 우주 감시가 필요하다. 단순한 우주 파편인지, 아니면 위성인지를 파악해야 한다. 그래야 우주로부터 한반도의 안전을 지킬 수 있다. 지금까지 우리는 이런 역할은 미국의 나사(NASA)나 유럽우주국(ESA)이 하는 일로만 알았다. 하지만 늦은 출발에도 우주개발의 신흥 강국으로 떠오르면서 우리도 직접 높은 수준의 방법으로 우주 감시에 나서고 있다.

우주엔 쓰레기가 얼마나 많을까?

지난 2009년 2월 10일 러시아 시베리아 상공 790km에서 거대한 구름 파편이 생성됐다. 인류가 우주공간에 인공위성을 쏘아 올린 이후 최초의 대형 우주 교통사고가 발생한 것이다. 정면충돌한 두 위성은 미국 이리듐사의 통신 위성 이리듐(Iridium) 33호와 러시아 통신 위성인 코스모스(Cosmos) 2251호였다. 코스모스는 오래전 작동이 정지된 상태였고 이리듐 33호는 운용 중이었다. 두 위성의 무게는 각각 500kg과 900kg, 교통사고 한 방으로 5cm 크기의 파편 600여 개와 더 작은 수천 개의 작은 파편이 생겼다. 그 수많은 파편을 일일이 찾아내는 것은 거의 불가능했다.

이리듐과 코스모스 위성의 충돌 3시간 후 시뮬레이션

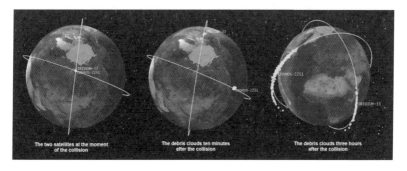

출처- KASI

여기서 놀라운 사실 한 가지가 있다. 우주 감시를 맡은 한국천문연구원의 최은정 박사가 1998년 석사논문에서 이리듐 위성의 교통사고를 미리 예측하고 분석했다는 것이다. 이리듐 위성은 77개로 이뤄진 위성 군집인데 하나라도 충돌 등으로 이상이 생기면 전체 위성군에 영향을 미칠 수 있다는 것을 예측한 논문이었다. 그리고 10년 후 이게 우주공간에서 현실이 된 것이다.

지난 2007년 1월에는 중국이 자국의 수명이 다한 인공위성에 미사일을 발사했다. 지상의 미사일로 우주공간의 인공위성을 요격하는 것이 가능한지 보는 세계 최초의 실험이었다. 여기서도 엄청난 우주쓰레기가 발생했다. 1cm 이상의 파편만 4만여 개. 요격 3일 만에 이 쓰레기는 지구를 거대한 띠로 뒤덮었다. 물론 충돌 후 큰 부분은 다시 지구로 추락했다. 중국이 지구에 엄청난 민폐를 끼친 것이다.

한국천문연구원 OWL 5호기로 관측한 추락하는 중국 창정5B 로켓 잔해

출처- KASI

인류가 지난 1957년 최초의 위성인 스푸트니크(Sputnik) 1호를 발사한 이후 지금까지 우주에 쏘아 올린 인공위성은 6~7천 개로 추산된다. 이 가운데 상당수가 수명이 다해 멈추고 떠돌거나 동력을 잃은 채 헤매고 있을 것이다. 유럽우주국(ESA)은 지름이 10cm 이상인 우주쓰레기는

작은 과학 마을 대덕의 반란

3만 4천여 개, 1cm 이상은 100만 개를 넘고 1mm 이상은 1억 개를 웃돌 것으로 보고 있다.

문제는 이 쓰레기들이 곳곳에서 사고를 일으킨다는 것이다. 초속 7~9km가 넘는 빠른 속도로 우주공간을 날아다니는데, 정상 작동 중인 인공위성이나 우주정거장과 충돌하면 엄청난 문제가 생긴다. 마치 영화 〈그래비티〉나 〈승리호〉처럼 말이다. 지난 1983년 미국 우주왕복선 챌린저호와 2003년 지구로 귀환 도중 추락해 7명이 숨진 컬럼비아호의 사례가 대표적이다. 챌린저호는 비행 도중 알 수 없는 물체가 조종석에 돌진해 유리창에 구멍이 뚫린 적이 있는데 인명 피해는 없었지만 작은 조각 하나가 우주공간에서는 흉기로 돌변할 수 있다. 컬럼비아호의 추락 원인 역시 우주쓰레기와 충돌 때문이었을 것이라는 추론도 많다. 인류는 스스로 만든 문명의 이기(利器)에 스스로 발목을 잡힌 것이다.

우주쓰레기로 우주정거장이 위험에 처하는 상황을 그린 영화

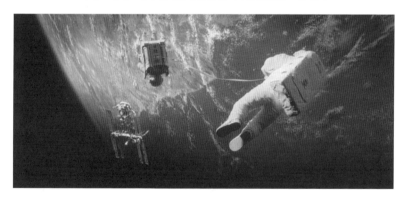

출처- <그래비티>의 한 장면

우주쓰레기를 찾는 한국천문연구원 우주위험감시센터

그래서 미확인 우주물체를 찾아내고 처리하는 방법을 연구하는 우주위험감시조직이 존재하는데, 한국에서는 대덕연구개발특구 천문연구원

에 설치돼 있다. 물론 지금까지 이런 일은 미국이나 유럽우주기구(ESA) 같은 초대형 우주개발기구가 맡아 왔지만 우리나라도 우주개발 역량이 커지면서 우주의 지속가능한 개발과 보존을 위한 국가적 의무가 커졌다. 이런 국제적인 우주 발전에 대한 공동 전선을 구축하는 것은 한국의 위상을 높이는 일이기도 하다.

천문연구원은 우주개발진흥법에 따라 지난 2015년 1월부터 우주환경 감시기관으로 지정됐으며 우주위험감시센터에서 이 일을 전담하고 있다. 그럼 어떤 일을 구체적으로 하고 있을까?

한국천문연구원 우주물체감시실

출처- KASI

먼저 위성추락상황실을 운영한다. 최소 1톤이 넘는 위성이 지구상에 떨어진다고 가정할 경우 그 위성이 꼭 태평양에 추락한다는 보장은 없다. 한반도가 피해를 볼 수도 있는데 이 같은 위험 요소가 추측될 때 우주위험 대응 매뉴얼에 따라 상황실을 운영하고 추락 궤도와 규모, 속도 등의 정보를 전파해 국가가 대응할 수 있도록 지원한다. 지난 2018년 중국의 우주정거장 텐궁 1호와 2019년 텐궁 2호가 추락할 때 한반도에는 피해가 없음을 사전에 예측해 발표한 바 있다.

두 번째로 큰 역할이 우주위험감시장비를 연구 개발하는 것이다. 실제 감시장비와 감시 상황을 분석하는 시스템을 연구하며 가장 중요한 것이 우주물체 전자광학 감시체계, 일명 'OWL-Net'이라는 것이다. OWL-Net은 직경 50cm급 광학 망원경을 갖춘 무인관측소 5곳을 네트워크로 연결한 우주 감시 시스템이다. 2010년부터 2016년까지 몽골과 모로코, 이스라엘, 미국, 한국 등 전 세계 5곳에 설치됐고 지난 2019년부터 국내 유일의 우주광학 감시 시스템으로서 지구 상공을 샅샅이 수색하고 있다.

모로코에 설치된 천문연구원 OWL 2호기

출처- KASI

이스라엘에 설치된 천문연구원 OWL 3호기

출처- KASI

이와 함께 천문연구원은 인공위성 레이저 추적. 일명 SLR(Satellite Laser Ranging)이라고 불리는 아주 특별한 시스템을 개발해 운영하고 있다. 지상관측소에서 우주에 있는 인공위성이나 쓰레기 같은 특정한 물체까지의 거리를 측정하는 것으로 지상의 장비에서 레이저를 발사하고 위성에서 반사돼 되돌아오는 시간을 측정함으로써 위치와 성격을 파악한다. 현재 지구상에서 존재하는 인공위성 궤도를 결정하는 시스템으로는 가장 정밀한 방식이다. 미국을 비롯한 선진국들은 이미 여러 SLR 시스템을 구축해 운영 중이다. 물론 우리나라도 레이저 반사경을 탑재한 아리랑 5호 등 위성을 발사한 바 있어 지상의 시스템을 통해 위성의 궤도를 산출하고 있다. 또 꼭 반사경이 없더라도 해당 물체를 분석하는 것은 가능하다고 한다. 우리나라는 지난 2012년 SLR 시스템을 개발해 국제 인

증을 받았으며 지금은 세종시에서 가동 중이고 2018년에는 거창 감악
산에도 1m급 고정형 관측소를 구축해 시험 운영하고 있다. 특히 거창의
SLR 시스템은 정지 궤도 운용 고도인 지상 36,000km까지 레이저 추적
이 가능하며 송수신이 분리된 형태의 망원경으로 구성돼 있다.

우주물체를 감시하는 우리나라 SLR 시스템

출처- KASI

천문연구원이 구축한 세종SLR관측소

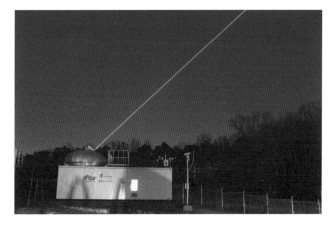

출처- KASI

이 밖에도 우주물체를 감시하는 레이더와 지구를 위협하는 소행성을 탐색하는 망원경을 개발해 중·고 궤도의 인공위성을 감시하는 사업도 벌이고 있다. 특히 1,500km가 넘는 높은 고도에서 활동하는 인공위성은 레이더로 탐지가 어려운데 연구팀은 이 망원경을 개발해 2025년까지 남반구에 설치할 예정이다. 또 UN COPUOS(우주공간의 평화적 이용에 관한 국제 위원회) 회원국으로서 본회의에 참가해 국제 사회의 우주 논의에 참여하는 등 국제적인 활동에도 나서고 있다.

우주쓰레기를 처리하는 방법

더 이상 미룰 수 없는 과제가 우주쓰레기의 처리다. 그럼 발견한 우주쓰레기는 어떻게 처리할까? 현재 방식으로 가능한 건 두 가지뿐이다. 하나는 지구 대기권으로 재진입시켜 완전히 연소시키는 방식이고 또 다른 하나는 다른 인공위성들이 전혀 사용하지 않는 궤도, 일명 '무덤 궤도(Graveyard orbit)'로 보내 다른 우주물체에 민폐를 끼치지 않게 하는 것이다. 위 두 가지를 직접 실행하기 위한 방식에도 크게 두 가지가 있다.

첫째는 인공위성이 당초 설계한 수명이 다했을 때 스스로 알아서 폐기를 실행하는 임무 후 처리(PMD, Post-Mission Disposal) 방식과 둘째, 우주 공간으로 청소용 인공위성을 보내 우주쓰레기를 직접 제거하는 능동적 제거(ADR, Active Debris Removal) 방식이 있다.

지구 대기권으로 재진입시켰을 때 지면으로 잔해가 떨어지지 않고 완전히 타 버리려면 인공위성의 무게가 1톤을 넘어서는 안 된다. 큰 물체는 대기권을 통과해도 파편이 지상이나 바다에 떨어지기 때문이다. 청소용 인공위성이 처리하는 방식은 긴 로봇팔이나 그물로 못 쓰는 위성을 포획해 대기권으로 끌고 오거나 작살을 던져 파편에 명중시키는 방식 등이 있다.

우주쓰레기 제거 작업 중인 미 항공우주국 로봇팔

출처- NASA

우주쓰레기 포획 모습

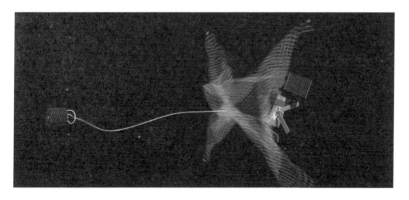

출처- ESA

　여기서 궁금해진다. 미리 위성을 설계할 때 폐기 이후를 생각하지 않는지 말이다. 인공위성을 발사할 때는 우주법에 따라 그 정보를 국가에 등록하고 국가는 다시 유엔에 등록하는 절차를 밟는다. 하지만 아직 폐기하는 절차는 없다. 인공위성의 수명은 자체 기동을 위해 싣고 간 연료가 바닥나 지상의 통제를 수행할 수 없는 시기까지를 말한다. 일반적으로는 수명이 다하면 남은 연료를 사용해 지구 대기권으로 돌아오거나 위에 말한 특정 궤도로 옮기는 방식을 택한다. 하지만 강제할 수 있는 규정이 없다 보니 지금 우주 상공은 만원이고 쓰레기가 넘쳐나고 있는 것이다. 지상의 쓰레기 종량제나 재활용 방식처럼 우주쓰레기 처리도 이제 정형화된 규정과 감시가 필요하다.

5) 우주쓰레기를 찾아 헤매는 대덕의 여성 과학자 최은정 박사

너도나도 쏘아대는 인공위성과 중국의 로켓 실험 등으로 우주공간에 쓰레기가 넘쳐나고 있다. 또 지상을 감시하는 특정 세력의 미확인 우주물체도 한반도의 하늘을 하루가 멀다 하고 지나고 있다. 세계 각 나라에서 우주 감시의 중요성이 어느 때보다 커진 상황이다.

이런 상황에서 한반도의 하늘을 감시하면서 아울러 우주과학의 대중화에도 나서는 한 여성 과학자가 있다. 한국천문연구원 우주위험감시센터 책임연구원 최은정 박사다. 최 박사의 하는 일을 묻자 돌아오는 답은 이렇다. "저는 천문연구원 우주위험감시센터에서 우주위험에 대해 연구하고 있습니다. 인공위성과 우주쓰레기가 어디에 있는지, 언제 지구로 추락할지, 충돌할 위험은 없는지 등 우주에서 일어나는 일들을 감시합니다". 뉴스에서는 심심치 않게 듣고 있지만 우리 일반 생활과 도저히 관련이 있지 않을 것 같은 우주물체를 감시하는 일을 한다는 것부터 모두 생소하다. 저렇게 반짝반짝 빛나는 별들이 가득한 하늘에서 뭔가 무서운 게 떨어질 수 있다니 말이다.

한국천문연구원 최은정 박사

출처- KASI

최 박사는 우주물체를 감시하는 분야에서 국내에서 보기 드문 여성 과학자다. 아니 독보적인 존재라고 보는 게 나을 수 있겠다. 연세대 천문 대기과학과를 졸업하고 인공위성 충돌과 궤도 결정에 관한 연구로 석사 와 박사 학위를 받았다. 이후 대덕연구개발특구 ㈜쎄트렉아이와 ㈜한국 항공우주산업에서 해외로 수출하는 인공위성의 본체와 탑재체를 개발 하는 우주공학자로 일했다. 그리고 현재는 한국천문연구원 우주위험감 시센터에서 인공위성과 우주쓰레기의 추락과 충돌 위험을 예측하고 분 석하는 우주 과학자로 일하고 있다.

2014년부터 매년 유엔 외기군의 평화적 이용을 위한 위원회에 한국 대표단으로 참여하고 있다. 정리하자면 최 박사의 인생은 우리 우주개발 역사, 흐름과 궤를 같이하고 있다. 우주개발 분야에 진출해 인공위성과 탑재체를 만들었고 이제는 우주공간에서 어떤 일이 벌어지는지를 감시하는 역할을 하고 있다.

그가 지키는 것은 우주 궤도 돌발 사건에서 한반도의 안전이다. 중국의 우주정거장 텐궁이 추락할 때도, 인공위성에 미사일을 발사했을 때도 그 잔해물이 한반도에 영향을 미치지 않을까 범국가적으로 움직였다. 우주대응훈련이라는 아주 독특한 훈련도 한국천문연구원은 하고 있다.

천문연구원 우주위험대응훈련을 주재하는 최은정 박사

출처- KASI

최 박사의 연구 논문 가운데 이리듐 인공위성의 충돌 내용이 신기하다. 최 박사는 이리듐 위성의 충돌과 그에 미치는 영향을 논문으로 썼는데 10년 뒤 실제 그런 상황이 발생하자 뭔가 신기(神氣)가 있지 않냐는 소리를 들었다고 한다. 또 2018년에는 중국 우주정거장 텐궁 1호의 추락 궤도를 예측하며 한국 정부가 위험 상황에 침착하게 대응하는 데 기여한 바 있다.

작은 과학 마을 대덕의 반란

그는 영화 〈그래비티〉나 〈승리호〉처럼 우주쓰레기의 공습과 그로 인한 인류의 피해는 그저 영화 속 얘기만은 아닐 거라고 말하고 있다. 혹시 모를 우주쓰레기로 인한 재난이 발생하지 않도록 우주를 감시하는 건 최 박사의 숙명일지 모른다. 그리고 그건 아마 크게 이름을 높이는 일은 아닐 것이다. 하지만 누군가는 묵묵히 그 일을 해야 하는 것만은 분명하다.

독수리 5형제 같은 지구방위군의 일원으로서 지구와 우주의 평화를 지키고 아름다운 세상을 후세에 물려주는 것은 분명 보람 있는 일이라고 그는 말하고 있다.

✦ 질병 없는 세상을 꿈꾼다

세상에 인류가 존재한 이래로 인간은 끊임없는 호기심을 통해 삶의 질을 높이기 위해 노력해 왔다. 그 결과 하늘에 의해 주어진 것이라 믿었던 인간의 생로병사에 관한 연구를 통해 이제는 질병 치유 및 수명 연장, 식량의 대량 생산 등이 가능하게 됐다. 그렇게 생명 연장이 가능해졌고, 초고령화 시대가 도래했다. 하지만 아직 무서운 질병은 여전히 존재한다. 대표적인 것이 암이다. 하지만 항암제에 내성이 생기거나 암이 재발하는 것, 또 다른 장기로 암이 전이될 경우 치료가 어려워 여전히 암 환자의 생존율이 낮은 상황이다. 이와 함께 현대인이 가진 마음의 병, 우울증 같은 것도 완전 치유는 쉽지 않다. 여기에 도전장을 낸 사람들이 있다. 바로 대한민국 연구자들이다.

1) 암을 이겨 내는 사람들… NK세포 치료 연구진

<u>기술료 1,500억 원! 한국생명공학연구원의 개발 기술은 과연?</u>

 2021년, 한국생명공학연구원(KRIBB)이 자체 개발한 NK세포 치료제 기술을 기업에 이전했는데 그 기술료가 자그마치 1,500억 원 규모라는 기사가 쏟아졌다. 한국생명공학연구원이 NK세포를 조혈줄기세포로부터 분화하고 대량으로 증식하는 기술을 개발하는 데 성공했기 때문이다. 평생을 한길처럼 NK세포만을 연구해 온 최인표 박사와 그와 함께해 온 연구진들이 올린 성과였다.

NK세포 치료제 연구의 거두 최인표 박사. 그는 1991년 미국 대신 생명연구원을 선택했다.
자연살해해세포(NK세포)를 통해 새로운 암 치료의 길을 열었다.

출처- KRIBB

 우리 몸에는 다양한 면역세포가 존재하는데 그중 대표적인 것이 NK세포, B세포, T세포가 있다. B세포는 외부로부터 침입하는 특정 병원체에 대항해서 싸울 수 있는 항체를 만드는 역할을 한다. T세포는 면역에 대한 정보를 기억하고 항체 생성을 촉진하는 역할을 하며 비정상적인 세포를 죽이거나 B세포가 항체를 생산할 수 있도록 도와주기도 하고 면역 기능을 조절한다.

활성화된 NK세포는 다양한 과립 물질(퍼포린, 그랜자임)을 합성하고 세포 밖으로 분비하여
비정상세포들을 파괴한다. 그리고 INF-γ, TNF-α 등의 다양한 사이토카인(Cytokine)과
케모카인(Chemokine)을 분비해 수지상세포와 직접적인 작용을 하고,
후천 면역세포들을 조절하고 활성화시킨다.

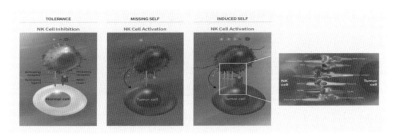

출처- NKMAX

NK세포에서 NK는 Natural Killer의 줄임말로 우리말로는 자연살해세포라고 부른다. 우리 인체 혈액 면역세포의 약 10%를 차지하고 있고 비정상세포에 대한 선택적인 살해 능력을 보이는 면역세포다. 다른 면역세포와 달리 암세포를 즉각적으로 감지해서 제거할 수 있는데 이것은 NK세포 표면에 존재하는 다양한 면역수용체를 통해 암세포와 정상세포를 구분할 수 있기 때문이다. 정상세포들은 세포 표면에 면역세포와 결합할 수 있는 단백질인 주조직 적합성 복합체, MHC Class 1이라는 것을 가지고 있다. NK세포는 이 단백질에 대해 억제 수용체를 발현하고 있어 정상세포의 MHC Class 1과 결합하게 되면 활성이 억제된다. 반면에 암세포나 감염세포와 같은 비정상세포의 표면에는 MHC Class 1이 감소되거나 결핍되는데 이 경우 NK세포는 억제 신호가 감소하거나 활성 신호가 증가해서 암세포와 같은 비정상세포들을 공격해서 제거하게 된다. 활성화된 NK세포는 암세포를 공격하는 퍼포린, 그랜자임 등 다양한 과립 물질을 합성하고 세포 밖으로 분비한다.

퍼포린이라는 단백질은 암세포를 녹여서 구멍을 내고 여기에 그랜자임 효소를 넣어서 세포질을 해체하거나 세포 내부에 물과 염분을 주입

해서 세포 괴사를 일으키는 방식으로 암세포를 사멸시킨다. 그리고 NK 세포는 암세포의 발생, 증식, 전이를 억제하는 것뿐만 아니라 암의 재발 가능성도 낮추기 때문에 더욱 주목받고 있다. 생명연구원이 이러한 NK 세포 치료제 기술을 개발한 것이다.

생명연이 개발한 NK세포 치료제 연구 개발 성과 및 특징

많은 암 환자들은 항암제와 방사선 치료를 통해 완치가 되었더라도 몇 년 뒤에 암이 재발하는 경우가 있다. 그것은 항암제의 공격에서 살아남은 암 줄기세포가 잠복상태에 있다가 다시 활발히 증식하고 분화되기 때문이다. 하지만 NK세포는 암 줄기세포까지 제거할 수 있어서 암의 재발도 막을 수 있고, 면역거부 반응도 극히 적어서 안전성도 높다.

NK세포 치료의 과제는, 양적으로는 임상에 적용할 수 있는 충분한 세포 수를 얻는 것이고 질적으로는 항암 능력이 뛰어난 NK세포를 만드는 것이다.

NK세포 기반 항암 면역세포 치료제 기술 개념도

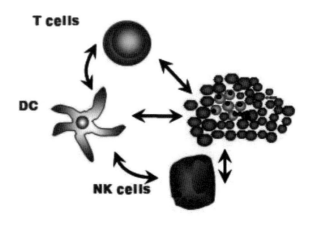

출처- KRIBB

작은 과학 마을 대덕의 반란

이런 NK세포를 활용해서 암을 치료할 수 있도록 한국생명공학연구원에서는 조혈줄기세포로부터 NK세포를 분리하고 분화시켜서 활성이 뛰어난 NK세포를 대량 증식하는 기술을 개발했다.

연구진은 대량 확보한 NK세포를 다양한 상황의 환자들에게 투여했다. 분화된 NK세포는 메모리 NK세포의 특징을 나타내어 다량의 사이토카인(Cytokine)을 생성하고 활성이 높은 특징이 있다.

줄기세포를 NK세포로 분화, 활성화시켜 난치성 암을 치료하는 길이 열렸다.

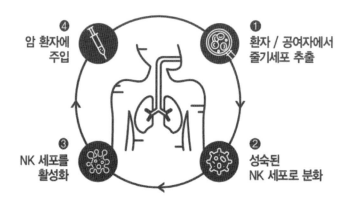

출처- KRIBB

제4세대 NK세포 치료 기술은 이미 성숙된 NK세포를 증폭하는 기술(1~3세대 치료 기술)과 차별화된다. 즉 성체줄기세포의 분화를 이용하는 기술로 조혈줄기세포의 분화를 조절하는 독창적인 기술이다.

이를 바탕으로 하여 비임상 치료를 여러 암의 모델에서 수행해 NK세포의 항암 효과를 측정하였다. 이후 서울아산병원 혈액종양팀과 공동 임상 연구실을 구축했고, 식약청의 승인하에 암 환자를 대상으로 연구자 임상을 진행했다. 이 연구들은 기초 연구를 바탕으로 임상 연구에 이르기까지 다양하게 이뤄지고 있다.

이 기술을 통해 만들어진 항암면역세포 치료제는 인체에 주입 후 자체 증식하지 않고 암세포를 공격하면서 서서히 소멸한다.

난치성 백혈병 환자 치료에 적용해 본 결과 암 진행이 억제되는 것을 확인할 수 있었고 치료제를 투여하지 않은 환자에 비해 생존율이 3배 이상 증가하는 결과를 얻었다.

암 치료 외에도 항노화, 알츠하이머, 에이즈, 당뇨 등 다양한 질환 치료에 활용될 수 있을 것으로 보고 있다.

NK세포 치료제 개발, 공동 연구에 합심

NK세포 치료제 개발을 향한 도전은 2016년, 산업계 대형 기술 현안 해결을 위한 실용화형 융합연구단인 'CiM 융합연구단'을 가동하게 했다. CiM 융합연구단은 주관기관인 생명공학연구원을 중심으로 한국화학연구원, 한국기초과학지원연구원, 서울아산병원, 기업, 그리고 국내 우수 대학이 참여하는 대형 연구단으로, 구성과 인력구조에 BT의 사회적 중요성이 커지는 현재 상황이 녹아 있는 셈이다.

융합연구단에서 참여기관의 연구원들은 한 공간에 모여서 맡은 업무를 수행했다. 이전에 정부나 연구원의 지원으로 설립된 연구단은 관련된 연구 인력들이 각자 원래 있던 자리에서 연구하는 경우가 많았지만 'CiM 연구단'은 여러 기관의 연구원들이 파견 형식으로 융합연구단에 모여 공동으로 미션을 수행했다.

처음에는 여러모로 소통이 쉽지 않아서 적지 않은 조정 기간이 필요했다. 하지만 서로 회의하고 함께 연구하면서 간극을 좁힐 수 있었다. 목표가 분명했기 때문이다.

그렇게 시작된 융합연구단은 인간 생명 연장의 꿈을 향해 달려나갔다.

오늘도 지속되고 있는 생명연의 세포 치료제 연구

생명연 면역치료제연구센터에서는 제대혈의 NK세포로 생산한 CAR-NK세포 치료제, 역분화 기술을 이용한 iNK(induced NK)세포 치료제 등의 연구를 활발히 수행해 유전자세포 치료제 영역도 개척하고 있다.

동물모델에서도 좋은 연구 결과들이 나오고 있으며 이런 후속 연구들을 통해 보다 좋은 세포 치료제들이 개발될 것이라는 기대를 주고 있다.

다양한 항암면역 치료제 플랫폼으로 부상할 NK세포 치료제

향후 다양한 암 환자의 상황에 맞는 바이오마커 개발 및 여러 항암제와 병행 치료가 가능한 혼합 NK세포 치료제 개발이 이뤄진다면 좀 더 활용성과 효능이 높은 치료제로 발전할 것으로 기대한다.

그렇게 된다면 NK세포 치료제는 다양한 항암면역 치료제의 플랫폼으로 활용될 것이다. 항체, 항암제, 유전자 등과 혼합하여 난치성 암 환자 치료에 적극적으로 사용되는 것은 물론이다. 특히 기존 치료제로 한계가 있는 난치성 암을 정복할 수 있도록 바이오마커 발굴, 인공지능 활용 기술 등과 접목해 보다 정밀한 맞춤 치료 기술로 발전할 것이다.

2) 질병의 근원을 찾아 해결하는 합성생물학의 힘

21세기 생명공학의 가장 큰 화두로 떠오르는 게 합성생물학(Synthetic biology)이다. 합성생물학이란 현재까지 알려진 생명 정보와 구성요소를 바탕으로 기존 생명체를 모방하여 변형하는 것을 연구하는 분야다. 타이어와 엔진처럼 전혀 다른 기능을 가진 다양한 부품들을 조립해 하나의 자동차를 만들 듯 합성생물학은 공학적 개념을 도입해 서로 다른 생물학적 부품을 이용한 새로운 생물 구성요소 및 생물 시스템 자체를 합성하는 것이다.

합성생물학은 서로 다른 생물학적 부품을 이용해 새로운 생물 시스템 자체를 합성한다.

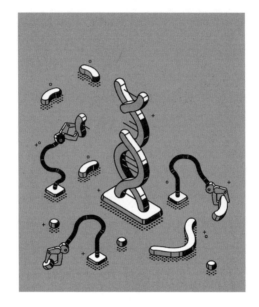

출처- KRIBB

합성생물학은 유전공학(Genetic engineering)과 유사하게 생각할 수 있다. 그러나 합성생물학은 모듈화 및 표준화와 같은 공학적 접근을 통해 생물의 시스템을 설계하는 반면에 유전공학은 DNA나 세포 등을 수정하고 변경하는 기술이 대부분이기 때문에 개념 자체가 다르다고 할 수 있다.

작은 과학 마을 대덕의 반란

즉 단백질과 효소를 부품으로 자연에 없던 생물체를 만들어 낼 수 있는 게 합성생물학이다. 예를 들어 땅콩을 심어 나무로 자라게 한 다음 이를 목조 건축물을 만드는 소재로 삼는다고 가정해 보자. 유전공학은 땅콩 유전자를 조작해 최고의 목조 건축물 소재로 인정받는 떡갈나무 재질을 갖도록 만든다. 나무가 다 자라면 베어 내어 건축물 소재로 사용하는 것이다.

하지만 합성생물학의 경우는 땅콩의 유전자를 인위적으로 다시 프로그래밍하여 나무를 목조 건축물 형태로 자라게 만드는 것이다. 벌목하고 톱질하여 건축을 하는 기존 건축 방식의 수고로움을 아예 없애도록 만드는 것이다.

다시 말해 유전공학은 기존의 생명체 일부를 변형시키는 기술인 반면에 합성생물학은 생명체의 구성요소를 완전히 새로운 목적을 위해 재편성하는 것이라고 할 수 있다.

충남도 수산자원연구소는 한겨울부터 봄까지 먹는 귀한 새조개에 대한 인공 양식에 성공한 데 이어 다시 유전자를 조작해 성숙도를 빨리하는 기술, 즉 더 빠르게 자라도록 하는 기술을 개발했다. 하지만 합성생물학에서는 이런 개량형 새조개가 아니라 처음부터 아예 다른 성질의 어패류를 탄생하도록 만든다는 것이다.

미세 플라스틱을 분해하는 미생물을 개발하는 등 합성생물학은 인류가 지금까지 풀지 못한 여러 난제를 해결하면서 그 영향력이 높이고 있다. 당연히 21세기 들어 가장 주목받는 기술 트렌드가 바로 합성생물학이다. 암과 당뇨병 등 성인병을 해결할 원천 기술을 제공할 수 있고 불로장생의 꿈, 새로운 생물 탄생의 꿈도 꿀 수 있다.

이승구 박사팀은 탐침 물질만 디자인해 넣어 주면 특정한 활성 미생물이나 효소를 단시간 내 찾아내는 '맞춤형 미생물 검색 플랫폼'을 세계 최초로 개발했다.

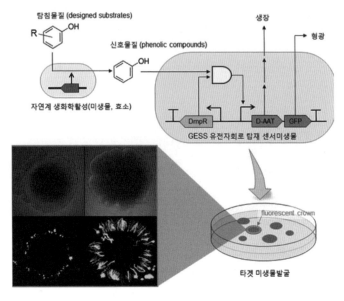

출처- KRIBB

전 세계가 연구하고 있는 합성생물학은 현재의 기술 수준이 기존 생물체의 구조나 기능을 바꾸는 정도에 머무르고 있지만 염색체 합성을 통해 새로운 생명체의 설계 및 합성이 가능할 수 있다는 기대를 걸고 있는 것도 사실이다. 합성생물학에 아우르는 기술은 DNA의 설계와 합성 인공유전자 회로의 제작과 활용, 크리스퍼 유전자 가위 등 다양한 분야를 포함하고 있다.

크리스퍼 유전자 가위: 유전자의 특정 부위를 절단해 유전체 교정을 가능하게 하는 인공 제한효소다. 유전자 가위는 돌연변이 유전자가 있는 곳까지 인도해 주는 리보핵산(RNA)과 문제의 유전자를 잘라 내고 교체하는 절단효소(단백질)로 구성된다. 특히

작은 과학 마을 대덕의 반란

*3세대 크리스퍼 유전자 가위는 유전자를 잘라 내고 새로 바꾸는
데 최장 수년씩 걸리던 것을 며칠로 줄일 수 있으며 여러 군데의
유전자를 동시에 바꿀 수도 있어 유전질환 등을 치료할 대안으
로 주목받고 있다. 그러나 일각에서는 맞춤형 아기 탄생과 같은
윤리적 문제에 대한 우려를 제기한다.*

대덕연구개발특구 한국생명공학연구원은 이 합성생물학의 국내 연구
를 주도하고 있다. 합성생물학전문연구단을 이끌고 있는 이승구 박사는
합성생물학을 이렇게 단순화시켜 말하고 있다.

> "인간이나 동물의 생물학적 특성을 결정하는 게 DNA입니다.
> DNA는 4종류의 고리 모양 염기성 물질이 수만 개에서 수십억
> 개 배열된 구조인데요. 이 유전 물질을 매개로 작은 미생물에서
> 코끼리까지 생물학적 특성을 후대로 전달합니다. 지금까지 생명
> 과학은 이 생물학적 기능을 해석해 왔다면 합성생물학은 더 나
> 아가 자연계에 존재하지 않는 DNA를 설계하고 이용하는 분야
> 입니다. 고도의 새로운 유전자 모듈을 구성하는 것이죠."

이에 따라 현재 합성생물학은 암 치료제 같은 신약 개발이나 바이오
연료의 대량생산 등을 위해 전 세계에서 연구가 진행되고 있다. 특정 암
세포에만 반응하는 대장균이나 항암 물질이 함유된 맥주 발효 효모 등
은 그 좋은 사례다.

또한 합성생물학은 바이오의약뿐 아니라 환경 및 에너지 분야 생명공
학 기술인 화이트바이오(White-Bio)나 농업 분야 생명공학 기술인 그린
바이오(Green-Bio)에도 많은 도움을 줄 것으로 전망되고 있다. 지금까지
석유에서만 얻어지던 에너지나 화학 물질을 미생물 세포에서 생산하는

연구들이 진행되고 있는데 잘만 하면 기후변화 문제 해결에 필요한 답을 제시할 수 있을 것이다. 또 물과 영양분을 적게 이용하면서도 생산성을 높이는 작물과 병해충에 강한 작물을 빠른 속도로 개발할 수 있을 것이다.

합성생물학전문연구단 이승구 단장 / 합성생물학전문연구단

출처- KRIBB

특히 생명공학연구원 합성생물학전문연구단이 주목하고 있는 것은 미생물을 활용한 연구다. 인공유전자 회로를 중심으로 한 합성생물학 연구를 진행하고 있는데 효소의 탐색과 개량, 특히 최근에는 플라스틱을 분해할 수 있는 효소와 미생물을 합성해 새로운 것을 발굴하는 작업을 하고 있다. 또 마이크로바이옴을 제어하는 연구도 있는데 마이크로바이옴이 인간의 건강과 직결된다는 연구 결과들이 나오고 있는 만큼 상관관계를 밝히는 데 주력하고 있다.

마이크로바이옴: 몸 안에 사는 미생물(Microbe)과
생태계(Biome)를 합친 말이다.

바이오파운드리, 합성생물학 연구에 날개를 달다

특히 합성생물학 연구 속도와 효율성을 높이기 위해 바이오파운드리 (Biofoundry) 구축 사업을 추진하고 있다. 바이오파운드리란 한마디로 합성생물학을 가속화하기 위한 플랫폼 구축 전략이다. 바이오 기술의 경우 영향력이 높은 분야지만 방대하고 복잡한 데이터와 실험 연구가 느린 게 한계로 지적되어 왔다. 이에 연구 단계에서 인공지능과 로봇을 활용해 속도와 규모를 확장하고 빅데이터를 손쉽게 확보해 생물학적 다양성 문제를 극복하는 부품과 모듈화 기술을 확보하자는 전략을 갖고 있다. 이 과정에서 다양한 생물 간에도 공통적으로 활용될 수 있는 인공회로, 세포공장 기능을 설계할 수 있게 된다.

합성생물학 시장 전망

< 글로벌 합성생물학 시장 현황 및 전망(2017-2023년, 단위: 십억달러) >

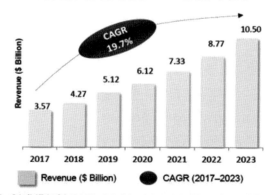

출처 : 생명공학정책연구센터, Global Synthetic Biology Industry Outlook(Frost & Sullivan 분석), 2018.9.

출처- IBS

이 바이오파운드리가 구축되면 각 분야별 엔지니어와 자동화 시스템의 활용이 가능해질 것이다. 즉 대량 설계를 통해 핵산과 단백질, 세포를 병렬 제작하고 이를 초고속으로 테스트해 대량의 데이터를 확보한 뒤

AI를 활용해 숨어 있던 유전자 변이를 찾아내고 재설계하는 과정을 빠르게 반복할 수 있다.

다만 합성생물학에 대한 공포와 불안감은 여전히 존재하고 있다. 안정성 면에서 불안한 요소를 지니고 있기 때문인데 새롭게 만들어 낸 합성 생물이 기존의 자연 생명체를 도태시키거나 전혀 예상치 못한 현상이 자연계에서 벌어지지 않을까 하는 우려 등이 그 요소이다. 특히 의도적으로 독성 물질을 만들어 내는 생물체를 합성해 방출한다면 어떨까? 코로나19를 겪은 인류에게는 그렇게 이뤄지는 생물테러는 생각만 해도 끔찍하기만 하다.

하지만 과학자들은 유전자를 조작하거나 복제하는 기술이 처음 세상에 등장했을 때도 합성생물학이 안고 있는 문제와 비슷하게 시작했다고 말한다. 결과적으로 유전자 조작, 복제가 상업적으로 일부 사용되고는 있지만 인류에게 유익한 방향으로 전개되고 있다는 것이다.

생명공학연구원 합성생물학전문연구단은 지난 2013년 처음 조직돼 40여 명의 연구자가 모여 바이오파운드리 데모 버전을 구축하는 사업을 진행하고 있다. 이 사업이 성공하면 국내 합성생물학은 세계적인 리더십을 갖게 되고 인간의 질병 퇴치와 함께 인류의 생명 연장 산업으로 정착하는 데 촉진자 역할을 하게 될 것이다.

3) IBS, 만능 암 치료법 '신델라' 개발

보통 암에 걸리면 방사선 같은 항암 치료를 시작한다. 화학 항암 치료제는 탈모와 설사 등 인간답게 살기 힘든 부작용을 야기한다. 그래서 암에 걸려 절망하는 것보다 더 힘든 게 이런 부작용이란 말도 있다. 이유는 정상세포까지 치료제가 공격하기 때문이다.

하지만 정상세포를 손상시키지 않고 암세포만 쏙쏙 골라 죽이는 환자 맞춤형 항암 치료의 길이 열렸다. 대덕연구개발특구 기초과학연구원

(IBS) 유전체 항상성 연구단이 부작용 없이 모든 종류의 암에 적용할 수 있는 암 치료법 '신델라'(CINDELA, Cancer specific INDEL Attacker)를 개발했다는 소식이다.

보건복지부와 중앙암등록본부는 2019년 국가암등록통계를 통해
한국인이 기대수명(83세)까지 생존할 경우 암에 걸릴 확률을 37.9%로 추정했다.

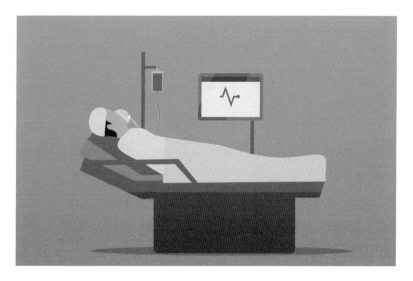

출처- IBS

방사선, 화학 항암제를 사용하는 기존 항암 치료가 앞서 말한 대로 심각한 부작용을 부르는 것은 암세포뿐 아니라 정상세포의 DNA 이중나선까지 손상시키기 때문이다. 하지만 신델라 기술은 CRISPR-Cas9 유전자 가위(DNA 염기서열을 인식해 DNA 이중나선을 절단하는 효소)로 암세포에만 존재하는 돌연변이의 DNA 이중나선을 골라 잘라 냄으로써 정상세포에 영향을 주지 않고 암세포만 사멸시킬 수 있다.

유전체 항상성 연구단은 암 특이적 삽입결실(InDel) 돌연변이를 표적하는
CRISPR-Cas9 유전자 가위를 제작했다. 이를 암세포와 정상세포에 투입해
암세포 돌연변이의 DNA 이중나선을 잘라 냄으로써 암세포만을 사멸시키는 데 성공했다.

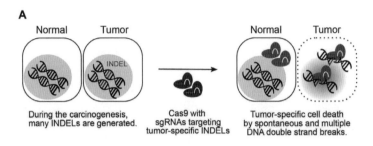

출처- IBS

연구진은 우선 유전자 가위를 이용해 DNA 이중나선을 절단하면, 방사선이나 화학 항암제를 통한 물리·화학적 DNA 이중나선 절단과 유사하게 암세포 사멸을 유도할 수 있음을 확인했다. 이어 생물 정보학 분석을 통해 정상세포에서는 발견되지 않는 여러 암세포주(유방암, 결장암, 백혈병, 교모세포종) 고유의 '삽입/결손(InDel) 돌연변이'를 찾아냈다. 이를 표적으로 하는 CRISPR-Cas9 유전자 가위를 제작하여 마우스 실험에 적용, 정상세포에 영향을 미치지 않고 암세포만 선택적으로 죽일 수 있음을 입증했다. 신델라 기술로 InDel 돌연변이의 DNA 이중나선을 많이 절단할수록 암세포 사멸 효과가 컸다. 나아가 암세포의 성장도 억제할 수 있음도 증명했다.

신델라의 암세포 특이적 사멸 과정. 연구진은 U2OS에서 발견한 InDel 돌연변이들을 표적하는
유전자 가위를 제작해 U2OS 세포만을 죽이는 걸 확인했다. 신델라 기술이 암세포를
맞춤형으로 사멸시킬 수 있음을 입증했다.

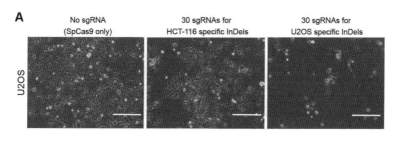

출처- IBS

    물론 기존에도 유전자 가위를 이용한 암 치료 연구가 있었으나 비효율성이란 한계가 존재했다. 암 유도 돌연변이를 찾아 각양각색의 원인을 밝히고, 이를 정상으로 되돌리는 유전자 가위를 제작하는 방식이기에 과정이 복잡하고 오랜 시간이 소요됐다. 그러나 신델라 기술은 모든 암 형성 과정에서 공통으로 생성되는 InDel 돌연변이의 DNA 이중나선을 잘라 DNA 손상복구를 막음으로써 암세포를 죽인다. 요컨대 암세포의 돌연변이 특성에 상관없이 모든 암에 바로 적용 가능한 암 치료 유전자 가위를 제작한 것이다.

> "부작용 없고 모든 암에 적용 가능한 환자 맞춤형 정밀 의료 플랫폼 기술을 개발했습니다. 암 치료의 패러다임을 전환할 것으로 기대합니다. 현재 신델라 기술로 실제 암 환자에게서 채취한 암세포를 치료하는 실험 중이며, 기술 효율성 제고와 상용화를 위한 후속 연구에 매진할 것입니다."

    연구단의 명경재 단장은 이제 암 치료를 받고 이런저런 고통을 견디다 생을 마감하는 암 전개 방식의 패턴이 바뀔 수 있다는 희망이 생긴다

고 전했다.

연구팀은 환자에게서 채취한 암세포를 대상으로 신델라 치료를 시도하고 있는데 이를 위해 여러 병원으로부터 암세포와 정상세포를 얻어서 이를 실험실에서 키우고 있다. 다음 순서는 InDel 돌연변이가 모든 암세포에서 확인된 만큼 이를 표적할 유전자 가위를 제작하는 것이다. 또 신델라의 효율을 높일 방법을 찾아 더 많은 실험을 진행할 계획이다. 인류의 가장 큰 적이었던 암을 정복할 아주 특별한 기술이 지금 대덕연구개발특구에서 무르익어 가고 있다.

4) 원자력연구원, '폐암 정복'에 나서다

'한국원자력연구원' 하면 핵, 방사능, 폭발 같은 무서운 단어가 떠오른다. 물론 원자력연구원이 하는 일은 안전한 원자력을 개발하고 시험하는 것이다. 하지만 원자력 연구를 통해 인간의 건강한 삶을 이어 주는 다양한 해결책, 그 가운데 질병에 대한 치료 방법도 제시한다.

정상세포를 제외한 암세포만을 찾아 저격하는 일, 아마 지금까지 나온 암 치료의 최선책일 것이다. 암은 그만큼 교활해 인간에게 호락호락 자신을 내주지 않기 때문이다. 그래서 국내외 연구진은 맞춤형 치료를 연구하는 데 몰두하고 있다. 이번에는 폐암에 대한 정복 기대감을 높일 수 있는 연구가 한국원자력연구원에서 진행 중이다.

한국원자력연구원 연구진이 'TM4SF4 항체항암제 후보 물질'을 암세포배양액에 처리하고 있다.

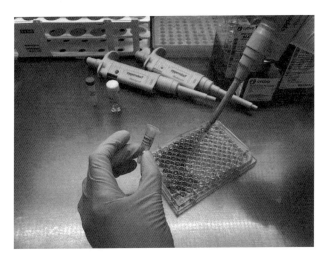

출처- KAERI

암을 치료하는 신약 개발은 인류의 의학 역사상 가장 큰 숙제일 것이다. 의료 현장에서는 흔히 표적 약물 치료나 방사선 치료를 활용하지만, 환자가 약물이나 방사선에 대한 내성이 있는 경우 효과를 보지 못할 수 있다. 힘만 들고 부작용은 크며 생존 확률도 그만큼 떨어질 것이다. 그에 반해 항체항암 치료제는 항원과 반응해 암세포만 치료할 수 있어 주목받는다. 한국원자력연구원 연구진이 환자의 치료 과정에서의 부작용을 최소화하며 암세포만 골라 치료하는 새로운 항체항암제 후보 물질을 개발했다.

연구진은 우선 TM4SF4라는 단백질 성분이 폐암세포의 증식과 밀접한 관련이 있는 것을 밝혀냈다. 그리고 이를 표적하는 'TM4SF4 항체항암제 후보 물질'을 개발해 미국의 알곡바이오(ALGOK BIO Inc)에 기술 이전했다.

암세포 표적으로 활용할 수 있는 항원이 아직 많지 않아, 새로운 암 항원을 발굴하고 이에 대한 항체를 개발하는 연구가 전 세계적으로 활발하다. 원자력연구원 연구팀은 암 줄기세포 표면에 존재하는 TM4SF4가 폐암의 성장과 전이에 관여하고, 특히 방사선 치료에 대한 저항성을 유발하는 물질임을 규명했다.

한국원자력연구원 한 연구원이 'TM4SF4 항체항암제 후보 물질'을 들고 있다.

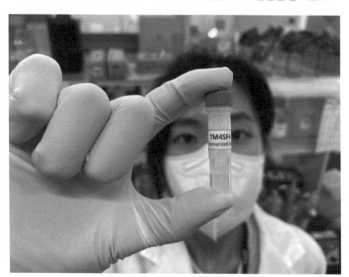

출처- KAERI

작은 과학 마을 대덕의 반란

이런 TM4SF4의 영향을 억제하기 위해, TM4SF4의 특정 항원을 기반으로 대량생산이 가능한 생쥐 단일클론항체를 제조했다. 이를 인간화항체로 전환해 면역거부 반응이 없는 'TM4SF4 항체항암제 후보 물질'을 만드는 데 성공한 것이다.

> 인간화항체: 쥐 등 동물을 이용해 만든 항체를 인간에게 투입할 경우 생기는 면역거부 반응을 막기 위해, 동물에서 개발된 후보 항체를 인간 항체의 아미노선 서열로 교체한 것이다.

연구원이 개발한 'TM4SF4 항체항암제 후보 물질'은 암줄기세포 표적 항체로 암세포만 찾아 치료한다. 동시에 방사선 치료를 진행할 때 암세포가 방사선에 50% 이상 더 잘 반응하도록 돕는 민감제로서의 기능도 구현함을 실험으로 확인했다. 이런 성질을 이용해 연구원과 알곡바이오는 새로운 암 치료제를 개발할 계획이다.

한국원자력연구원- 알곡바이오 기술실 계약 체결식

출처- KAERI

이번 연구 개발은 연구원 김인규 박사를 중심으로 과학기술정보통신부 방사선기술개발사업의 지원을 받아 이뤄졌다. TM4SF4 관련 연구결과는 2014년과 2020년 국내외 특허출원 및 등록을 완료했고, 인간화항체 제조 관련 기술도 세종대 류춘제 교수와 공동으로 특허출원을 마쳤다.

앞으로 치료제 후보 물질에 대한 전임상 및 임상시험은 한국과 미국에서 진행하고, 의약품 허가 취득을 위한 제반 기술 개발을 연구원에서 지원한다. 또 대상 특허 기술에 대한 추가 R&D도 진행할 계획이다. 알곡바이오는 국내 코스닥 기업 ㈜케이피에스의 미국 현지법인으로, 글로벌 신약 개발을 위해 미국 델라웨어주에서 설립됐다. 특정 약물이 환자에게 효과가 있을지 미리 알아보는 동반진단과 맞춤형 정밀 치료제를 개발하는 것을 목표로 한다.

이번에 성과를 얻은 폐암세포 치료 신약 후보 물질의 기술 이전은 원자력연구원 방사선 기술 분야에서 이뤄진 최초의 사례로 꼽힌다. 앞으로 후보 물질을 이용해 동급 최강(Best-in-Class)의 신약 개발에 성공할 것으로 기대되고 있다.

5) 나쁜 기억을 지워드립니다

2004년, 미남 배우 정우성과 미녀 배우 손예진이 열연한 영화 〈내 머리 속의 지우개〉를 본 적이 있는가? 사랑하는 사람이 기억을 잃어 가는 건 참 슬픈 일이다. 도대체 기억은 왜 잃어 가는 걸까? 그런가 하면 아내가 살해당한 뒤 기억이 10분을 이어 가지 못하는 사람을 소재로 한 영화 〈메멘토〉도 있다. 어떤 트라우마를 겪고 난 다음 충격을 받아 기억을 못 하는 건 영화 속에서 흔히 나오는 설정이다. 그뿐만 아니라 영화 〈이터널 선샤인〉에서의 주인공은 아픈 기억만을 지울 수 있기를 바랐지만 오히려 좋은 기억이 더 살아난다. 아픈 기억만 골라서 없앨 수 있다면 얼마나 좋을까? 나를 힘들게 하고 상처 입힌 기억들만 지울 수 있다면 얼마나 좋을까. 일상적인 스트레스를 넘어 트라우마 한두 개 정도 없는 사람이 과연 있을까. 지금 기초과학연구원(IBS)에서 잊고 싶은 기억을 없애는 열쇠를 찾고 있다.

누구나 잊고 싶은 과거가 있다

현대인 상당수는 '외상 후 스트레스 장애(PTSD, Post traumatic stress disorder)'를 앓고 있다 해도 과언이 아니다. 정신적 외상을 경험한 뒤 발생하는 심리적 반응을 뜻하는 PTSD의 본래 의미는 생명을 위협할 정도의 극심한 스트레스 상황, 충격적이거나 두려운 사건을 당하거나 목격한 경우 심한 고통을 느끼고 일반적인 스트레스 대응 능력을 잃어버리는 것을 의미하는 말이다.

영화 <내 머리 속의 지우개>, 2004년

출처- 네이버 영화

어떤 기억은 금세 사라지지만, 어떤 기억은 오래도록 잊히지 않는다. 치매(알츠하이머병) 환자는 최근 기억부터 잃는다. 이러한 차이는 뇌에서 온다. 뇌는 뇌 바깥으로부터 정보를 입력받아 처리한 뒤 출력하는, 이른 바 정보처리기관이다. 우리의 뇌는 몸으로부터 오는 감각 자극, 또 몸 바깥의 사람과 자연과의 상호작용 속에서 끊임없이 엄청난 양의 정보에 노출되지만 늘 적절하게 처리한다. 놀라운 능력이긴 하지만 때로는 기억이 고통스러움을 느끼기도 한다.

뇌와 기억을 이해하기 위해 우리는 우선 기억과 관련된 뇌 부위를 하나 알아 둘 필요가 있다. '기억 제조의 장인' '기억 공장' 등의 수식어를 가진 해마(Hippocampus)다.

뇌에서 기억을 담당하는 부위인 해마는 실제로 그 모습이 바다생물 해마(Sea horse)와 유사해 해마라는 이름을 얻게 됐다. 실제 해마 영역이 제거된 환자는 바로 직전에 일어난 일들도 기억하지 못하게 된다.

뇌에서 기억을 담당하는 해마(Hippocampus)는
실제로 그 모습이 바다생물 해마(Sea horse)와 유사해 해마라는 이름을 얻게 됐다.

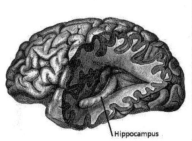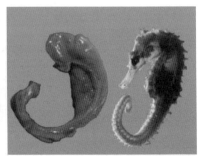

Hippocampus

출처- Wikimedia

해마를 설명할 때 등장하는 인물이 있다. 아내가 살해당한 충격으로 10분 이상 기억하지 못하는 단기기억상실 환자가 된 헨리 몰래슨

작은 과학 마을 대덕의 반란

(1925~2009)이다. 헨리 몰래슨의 사례는 2000년 개봉한 영화 〈메멘토〉의 모티브가 되기도 했다. 생전엔 'H.M.'이란 이니셜로만 알려진 그는 뇌과학계의 중요한 연구 대상이었다. 자전거 사고로 뇌를 다쳐 외과수술을 받던 도중 해마를 다친 H.M.은 수술받기 이전의 일들은 기억했지만, 그 이후에 경험한 일들은 어제의 일도 기억하지 못했다. 기억의 비밀이 뇌의 해마와 밀접하게 관련됐음을 여실히 보여 주는 사례다.

주인공 레너드도 아내가 살해당한 날의 충격으로 인해 기억을 10분 이상 지속시키지 못하는 단기 기억상실증 환자가 된다.

영화 〈메멘토〉, 2000년

그리고 현재의 나를 알려면 기억이 필요하다.
그런데 나는 지금 어디에 있었지?

출처- 네이버 영화

눈동자가 좌우로 움직일 때 당신의 기억이 움직인다

흥미로운 점은 해마의 기억 처리 과정이 대부분 수면 중에 일어난다는 것이다. 수면을 통해 인간은 육체적 피로를 푸는 동시에 새로운 정보를 받아들이는 인식 작용도 일어난다. 평생의 3분의 1을 수면으로 보낸다고 했을 때 그 시간이 나머지 3분의 2의 인생에 깊은 영향을 미친다는 것이다. '잠이 보약'이라고 말한 옛 어른들의 말씀은 틀린 것이 하나도 없다.

자세히 살펴보면 우리는 수면 중에 무의식적으로 기억과 밀접한 아주 특이한 행동을 하고 있다. 잠자고 있는 사람의 눈꺼풀 안쪽의 눈을 들여다보게 되면 깜짝 놀랄 만한 경험을 하게 될 것이다. 분명 잠을 자고 있는 데 눈이 좌우로 움직일 터.

이는 깊은 수면 단계인 '렘수면(REM Sleep, Rapid Eye Movement Sleep)' 중에 일어나는 일이다. 감긴 눈꺼풀 안쪽에서는 눈이 좌우로 움직이기 시작하며, 보통 렘수면 단계에서 우리는 꿈을 꾸곤 한다. 이때 뇌의 혈류량 역시 많아지며 맥박, 호흡, 혈압, 체온이 상승한다. 몸은 마비된 것처럼 움직임이 없지만, 뇌는 활발한 활동을 하는 시간이란 의미다.

이와 관련돼 외상 후 스트레스 장애(PTSD) 치료에 사용되는 심리 치료 요법 중 하나가 '안구운동 민감소실 및 재처리 요법(EMDR)'이다. EMDR의 경우 자신의 공포 기억을 회상하면서 눈동자를 좌우로 움직이는 등 양측성 자극을 동시에 준다.

이 과정이 반복되면 정신적 외상을 효과적으로 치료할 수 있다고 알려졌지만, 아직까지 그 근본적인 원리에 대해서는 밝혀지지 않았다. 따라서 이 치료법을 도외시하는 정신과도 많은 상황이다. 하지만 IBS 연구진이 이 경험적인 치료법을 동물 실험을 통해 실제로 증명해 내 화제다.

IBS, 동물 실험으로 EMDR 치료 효과 입증

IBS 인지 및 사회성 연구단 신희섭 단장과 연구진이 지난 2019년 외상 후 스트레스 장애, 일명 트라우마를 치료하는 심리 치료 요법의 효과를 세계 최초로 동물 실험으로 입증하고 여기에 관련된 새로운 뇌 회로를 발견하였다. 이 연구 성과가 세계 최고 권위의 학술지 「네이처」에 게재돼 국제적인 주목을 받고 있다.

연구진은 고통스러웠던 상황의 기억으로 인해 공포 반응을 보이는 생쥐에게 좌우로 반복해서 움직이는 빛 자극(양측성 자극)을 주었을 때, 행동을 얼어붙게 하는 공포 반응이 빠르게 감소하는 것을 발견했다.

연구진은 공포 기억을 가졌던 생쥐가 시간이 지난 후나 다른 장소에서 비슷한 상황에 처할 경우에도 공포 반응이 재발하지 않는 것을 확인하였으며, 뇌 영역 중 공포 기억과 반응에 관여하는 새로운 뇌 신경회로도 발견하였다. 행동 관찰 실험, 신경생리학 기법 등을 통해 공포 반응 감소 효과는 시각적 자극을 받아들인 상구(안구운동과 주위집중 담당)에서 시작해 중앙 내측 시상핵(공포 기억 억제 관여)을 거쳐 편도체(공포 반응 작용)에 도달하는 신경회로에 의해 조절된다는 사실을 확인한 것이다.

공포에 대한 공감 능력을 측정하는 관찰 공포 행동모델

출처- IBS

이번 연구는 경험적으로만 확인된 심리 치료 기법 효과를 동물 실험으로 입증함으로써 외상 후 스트레스 장애 치료법의 과학적 원리를 밝혔다는 데 의의가 있다.

정신과에서 활용되는 심리 치료법의 효과를 동물 실험으로 재현한 것은 이번이 처음이다. 공포 기억을 회상하는 동안 좌우로 움직이는 빛이나 소리 등이 반복되면 정신적 외상이 효과적으로 치료된다는 사실은 기존에도 보고된 바 있었으나 원리를 알 수 없어 도외시되는 경우가 있었다.

IBS 인지 및 사회성 연구단

출처- IBS

신희섭 IBS 연구단장은 "외상 후 스트레스 장애는 단 한 번의 트라우마로 발생하지만, 약물과 심리 치료에는 오랜 시간이 필요하다"며 "앞으로도 공포 기억 억제 회로를 조절하는 약물이나 기술을 개발하는 연구에 집중해 외상 후 스트레스 장애를 쉽게 치료하는 데 기여할 것"이라며 포부를 밝혔다.

공포 기억 소거를 조절하는 효소도 발견

한편 IBS 연구진 등은 이와 함께 공포 기억에 무덤덤해지도록 우리 뇌

작은 과학 마을 대덕의 반란

를 조절하는 효소를 발견하는 성과도 올렸다. IBS 시냅스 뇌질환 연구단, KAIST 등이 포함된 국제공동연구진은 뇌의 흥분성 신경세포에서 '이노시톨 대사효소'를 제거했을 때 공포 기억이 빠르게 소거되는 현상을 발견했다.

보통 기억을 연구하기 위한 동물 실험은 다음과 같은 과정으로 진행된다. 실험쥐에게 짜릿한 전기를 가하면서 소리 자극을 주면, 쥐는 소리만 들어도 공포감을 느끼게 된다. 이후 전기 자극 없이 소리만 반복적으로 들려주면 서서히 쥐의 공포 반응이 줄어든다. 이를 '공포 기억 소거'라고 한다. 사람은 사람으로 잊듯, 공포 기억을 덮어씌우는 학습을 통해 점차 무뎌지게 만드는 것이다.

하지만 지금까지 어떤 유전자가 공포 기억 소거를 조절하는지는 명확히 알려지지는 않았다. 공동연구진은 생쥐의 흥분성 신경세포에서 이노시톨 대사효소(IPMK)를 제거했을 때 공포 기억 소거 반응이 촉진됨을 확인했다. 이노시톨 대사효소는 포도당 유사 물질인 이노시톨을 인산화해 주는 효소다. 세포의 성장, 신진대사에만 관여한다고 알려졌던 이 효소가 뇌 기능 조절에도 중요한 역할을 한다는 것을 처음 규명한 성과다.

이어 연구진은 이 효소가 제거된 생쥐의 편도체에서는 공포 기억의 소거 반응을 전달하는 신호전달계가 활성화됨을 확인했다. 더욱이 이노시톨 대사효소를 제거한 생쥐는 일반 생쥐와 비교했을 때 기본적인 뇌의 구조나 운동 능력에도 차이가 없었다. 큰 부작용 없이 공포스러운 기억만 빠르게 없애는 치료가 가능하다는 의미다.

살아오면서 받았던 심한 상처, 불면의 밤을 지새울 정도로 힘들고 아픈 기억은 쉽게 잊히지 않는다. 물론 좋은 기억도 오래간다. 우리의 기억은 강렬한 감정적 작용과 어우러지면서 뇌의 신경망에 장기적으로 저장되기 때문이다.

단 하나의 아픈 경험으로부터 PTSD가 발생하기도 하는 반면, 이를 치료하기 위해서는 오랜 기간의 약물 치료와 심리 치료가 필요하다. 또 PTSD를 완벽하게 치료할 수 있는 '묘약' 역시 현재까진 없다. 우리는 뇌를 이해하며, 일상에서 겪는 감정적 충돌과 상처가 뇌에 얼마나 커다란 부정적 변화를 만들어 내는지를 이해할 필요가 있다.

뇌는 인체에서 정신 활동을 담당하는 유일한 기관이다. 감정과 기억, 몰입과 상상, 영감과 통찰 등을 담당하는 총사령탑이다. 우리는 평소 뇌를 자각하지 않고 살지만 숨을 쉬고, 걷고, 생각하고, 눈을 감는 모든 동작에는 뇌의 엄청난 처리 과정이 따른다.

'나쁜 기억을 지워드립니다'. 영화를 현실로 만들어 가는 연구가 대덕연구개발특구에서 진행되고 있다.

✦ADD, 자주국방에서 세계의 국방으로

한국전쟁 당시 우리는 북한군이 몰고 온 러시아제 탱크의 진격에 속수무책이었다. 맨몸에 폭탄을 두르고 탱크 바닥에 기어 들어가 자폭하는 안타까운 일도 있었다. 유엔 16개국의 인력과 무기 지원은 우리에게 큰 힘이 됐다. 하지만 지원받던 한국은 이제 다른 나라를 도와주는 국가가 됐다. 아니 압도적인 군사 기술을 개발해 외국에 무기를 수출하는 국가로 국격이 올랐다. 국내의 명품 무기 기술이 탄생하는 곳은 대덕특구 국방과학연구소(ADD)다. 무기의 장인들이 대전의 작은 동네 대덕에서 방산대국의 꿈을 현실로 만들어 가고 있다.

1) 지상 무기의 베스트셀러 'K9 자주포'

지상 무기의 베스트셀러가 있다. 수백 년이 지나도 주옥같은 문학작

품은 그렇다지만 어떻게 무기에도 베스트셀러가 있을까? 하루가 지나면 또 다른 첨단 기술이 나오는데 말이다. 하지만 뛰어난 기본체계를 갖춘 뒤 성능을 업데이트를 한다면 얘기가 다르다.

가장 대표적인 것이 우리나라의 K9 자주포다. 워낙 수출을 많이 하고 해외 토픽에도 우수한 무기로 잇따라 방송되면서 이제 일반인들도 한두 번은 들어 봤을 K9 자주포. 1990년대 말 양산돼 우리 군에 이미 배치한 것이란 설명에는 누구나 고개를 갸우뚱할 수밖에 없다. 20년 전 무기가 아직도 활발하게 수출되고 있다고? 그건 바로 우리 국방 연구의 힘이다.

K9 자주포

출처- ADD

2022년 2월 이집트에서 속칭 '잭팟'이 터졌다. 당시 문재인 대통령이 현지를 다녀간 뒤 이집트 정부가 K9 자주포를 2조 원어치 구매하기로 한 것이다. 이집트는 이미 2000년대 초 무바라크 대통령 시절 지상전의 핵심 무기로 K9 자주포 도입에 관심을 가졌다고 한다. 이후 무바라크 대통령이 2010년 말 중동을 휩쓴 '아랍의 봄'으로 실각하면서 수출 협상은 중단됐지만 결국 이집트의 꿈은 현실로 이뤄진 것이다. 같은 시간 호주 는 1조 원 규모의 K9 자주포 30문과 탄약차 15대를 도입하기로 결정했 다. 처음 개발돼 한국군에 배치된 지 20년도 훨씬 지난 자주포가 이렇게 인기를 끌 수 있을까.

안타까운 희생… 사연 많은 K9 자주포 도입

K9 자주포 도입이 논의된 건 지난 1980년대부터였다. 육군은 견인포, 즉 무거운 포신을 끌고 다니는 것에 비해 기동성과 운용성, 생존성이 우 수한 현대식 자주포(스스로 움직이는 화포)의 필요성을 제기했다. 북한이 계속 화포 배치를 증가시키는 상황이고 또 산악이 많은 우리나라의 지 형을 감안할 때 현대식 자주포를 개발하는 건 어쩌면 당연한 일이었다. 그러나 미국에 지상 무기를 절대 의존하는 상황이었고 미국 제품을 개 량해 사용하자는 의견이 우세했다.

자주포 야간 사격훈련

출처- 국방홍보원

　　　　　　　　　　　　　　　　작은 과학 마을 대덕의 반란

하지만 지상전의 핵심 무기인 자주포를 언제까지 외국 생산품에만 의존할 수는 없는 일이었고 결국 우리 연구팀은 정부를 설득해 국내 독자 개발로 방향을 잡았다. 우리 방산 무기의 첨단 개발 가능성을 가늠하는 중요한 시험대가 마련된 것이었다.

이후 국방과학연구소의 연구 능력을 바탕으로 한화디펜스 등 많은 방산업체들이 함께 나서 결국 성공으로 이끌게 된다.

무기 개발을 위한 연구 개발 단계는 복잡하다. 군의 소요 제기를 시작으로 정부와 연구팀의 수많은 적정성 평가가 필요하고 기초 연구부터 실제모델이 나오기까지 험난한 시간은 필수적이다. K9 자주포의 경우 1989년부터 3년간 개념 연구를 거쳐 1992년부터 1993년 6월까지 탐색 개발(Exploratory Development)을 수행하면서 가능성을 확인했고 이후 1996년 9월까지는 선행 개발 연구를 수행했다. 이 과정에서 군에서 필요로 하는 수준까지 달성했는지 여부를 확인한 뒤 체계 개발 과정을 거쳐 1999년 12월 양산 1호가 마침내 군에 납품됐다.

이 과정에서 연구자들이 사망하거나 다치는 안타까운 희생이 있었다.

지난 1997년 12월, 연구원들은 실용 시제품 완성 후 계획대로 신자포 2문에 대한 시험평가에 돌입했다. 사격시험을 위해 시제기의 포신은 바다를 향한 채 있었고 오후 2시 30분, 안전통제실로부터 사격을 준비하라는 연락이 왔다. 국방과학연구소의 포반장과 부사수, 방산 업체 소속 사수와 탄약수를 맡은 2명 등 4명의 연구진이 포탄을 넣고 사격통제원의 통제에 따라 두 차례 발사했다. 하지만 세 번째 탄이 발사되지 않아 직접 확인하는 순간 약실에 남아 있던 미연소 된 추진제 찌꺼기로 인해 시제기에서 화재가 발생했다.

이 사고로 사수석에 앉았던 방산 업체 소속 직원이 숨졌고 다른 3명은 화상을 입은 것이다. 특히 숨진 직원은 34세의 나이에 부인과 어린 아들이 있었다. 안타까운 희생을 뒤로하고 연구진들은 굳은 의지로 똘똘 뭉

쳤고 마침내 K9 자주포를 성공적으로 개발함으로써, 마음의 짐을 조금은 내려놓을 수 있었다.

세계에 널리 알린 K9 자주포의 위력

양산된 K9 자주포 1호는 원래 최초 소요 제기를 했던 육군에 배치될 예정이었다. 하지만 당시 남북은 첨예하게 대립하고 있었다. 1999년 당시 연평해전에서 패배한 북한이 천배 만배의 보복을 천명하면서 남북은 언제 터질지 모르는 국지전의 위기 상황을 맞고 있었다. 그러자 군은 육군에 배치하려던 K9 자주포를 해병대에 전환 배치해 북한의 공격에 대비했다. 그 결과 2010년 11월 23일 북한의 연평도 포격 당시 K9 자주포는 아군을 향해 도발해 온 북한의 포진지를 타격해 심각한 피해를 입혔다.

K9의 가장 강력한 장점은 최대 사거리가 40km에 이른다는 것이다. 구경 155mm, 길이 8m에 달하는 포신에서 쏜 포탄이 40km 넘게 날아가 원하는 곳에 정확하게 꽂히는 것인데 지금까지 이런 자주포는 없었다. 지금 우리 군은 50km 이상 쏘는 개량탄을 실용화시켰다.

또 동시탄착(TOT), 즉 여러 대의 화포가 하나의 타깃으로 동시에 포탄을 떨어뜨리는 사격 방법이 있는데 K9은 이게 혼자서도 가능하다. 단독으로 3대의 포탄을 시차를 두고 발사하지만 발사각도를 변화시킬 경우 3발이 동시에 타깃에 명중해 더 강한 충격을 줄 수 있다. 여기에 시속 60km 속도로 이동하면서 1분당 최대 6발, 특히 15초 내 3발을 발사할 수 있다. 다른 자주포는 엄두조차 낼 수 없는 빠른 기동력과 민첩성을 가진 것이다.

성능을 종합하면 K9은 미군의 주력 자주포인 155mm 'M109A6 팔라딘'보다 사거리와 발사 속도, 기동성에서 모두 우위를 보이는 등 세계 최고라 해도 손색이 없다.

　　　　　　　　　　　작은 과학 마을 대덕의 반란

K9 자주포부대가 표적을 향해 포탄을 동시 발사하고 있다.

출처- 국방홍보원

이렇게 뛰어난 K9을 전 세계가 알아보고 있다. 지난 1999년 양산에 들어가 국내에서 첫 배치돼 현재 주력 자주포로 활약 중인데 얼마 전 이집트에서 2조 원어치 수출을 이루는 등 엄청난 반응을 보이고 있다. 1999년 터키를 시작으로 지금까지 폴란드, 핀란드, 에스토니아, 인도, 노르웨이, 호주, 가장 최근 이집트에 이르기까지 모두 8개 나라에 수출됐다. 미국의 자주포가 아닌 대한민국의 자주포가 전 세계 '넘버1'이 된 것은 우리 지상전 무기 개발 능력이 얼마나 뛰어난지가 객관적으로 확인됐기 때문이다.

특히 K9의 성공은 그것으로만 끝나지 않고 K2 흑표전차 개발로 이어져 K2는 지금 전 세계가 주목하는 전차로 발전했다.

2) 21세기 세계 최강의 전차 K2

6·25전쟁을 통해 우리는 전장에서 전차가 갖는 전투 효과를 뼈저리게 경험한다. 전차가 없던 전장에서 맨몸에 폭탄을 두르고 전차를 향해 달려가는 모습을 영화에서 많이 본 적이 있을 것이다. 그 후 우리나라는

1976년 미국으로부터 도입한 M48 전차를 개량하다 포기하고 미국의 기술 지원을 받아 방향을 전환하게 된다. 이렇게 개발한 것이 K1 전차다. 하지만 K1 전차는 한국 고유의 전차이기는 하나 기술적 관점에서 보면 미국이 설계, 개발하고 한국이 생산한 전차라고 볼 수 있다. 부품 국산화를 병행한 양산 과정을 거치면서 부분적인 기술에 점차 익숙해졌지만 전차체계에 대한 기술적 이해는 요원해 보였다. 그래서 등장한 것이 K2, 일명 '흑표(黑豹)'로 불리는 대한민국 육군의 주력 전차다. 1995년부터 개발이 진행돼 2014년 4월부터 육군에 인도돼 실전 배치되었다.

K2 전차의 사격훈련

출처- 국방홍보원

한편 미국과 영국, 독일 등 이미 100여 년의 전차 역사를 가진 선진국들은 1990년대 이후 새로운 전차를 개발하는 대신 이미 보유하고 있는 전차의 성능을 개량함으로써 전투력을 증대시키고 있었다. 그러나 이러한 성능 개량은 많은 한계를 가지고 있는 만큼 K2 전차는 가장 최근에 설계된 전차로 이들 전차보다 전반적으로 경쟁 우위에 있다 할 수 있다.

작은 과학 마을 대덕의 반란

스노클을 이용해 잠수도 하는 K2 전차 / 남한강을 도섭하는 K2 전차

출처- 국방홍보원

몇 가지 K2전차의 장점을 보면 1,500마력의 고출력 동력장치를 장착해 강력한 힘을 자랑한다. 전투 중량이 55톤이므로 톤당 마력은 27.3이다. 이는 세계에서 가장 강력한 힘을 가진 전차라고 볼 수 있다. 또 진동과 충격을 충분히 흡수하므로 안정된 차체를 유지하고 마치 승용차를 탄 것처럼 승차감도 탁월하다.

또 차체 전체를 낮추면 은폐가 용이하며, 높일 경우 지면에서 차체 바닥까지의 지상고가 높아지므로 험지나 연약 지반에서의 기동이 유리하다. K2 전차는 표적을 빠르고 강하게 파괴하는 펀치 위력을 갖고 있다. 이는 구경 120mm 55 구경장의 장포신과 최고의 기술로 제작된 탄약, 그리고 자동장전장치 등이 결합된 결과다. 또한 다목적 성형작약탄의 근접 신관 덕분에 헬기에 대한 대응도 가능하다. K2 전차는 기존의 K1 전차와 달리 사람이 직접 장전하지 않고 기계적으로 장전하는 자동장전장치를 채택해 전차가 몹시 흔들리는 상황에서도 빠르게 후속탄을 넣을 수 있어 발사속도가 향상됐다. 그 밖에도 숱한 장점을 갖추고 있다.

K2 전차 저온시험

출처- ADD

이런 K2 전차는 글로벌 경쟁력을 인정받아 2008년 터키에 기술 수출을 한 데 이어 오만에는 국내 생산된 제품 76대를 공급하기로 했다. 또 폴란드, 노르웨이, 이집트, 인도 등에 수출을 위한 협상을 진행하고 있다. 전 세계가 K9 자주포에 이어 K2 전차에까지 주목하고 있다.

3) 세계를 제패한 양궁… 이번에는 하늘의 화살 '천궁(天弓)'

우리 양궁은 올림픽 양궁 전 분야를 휩쓰는 세계 제1의 실력을 가졌다. 그래서 양궁선수들을 '신궁(神弓)'이라고 부른다. 아마 우리가 오랜 조상의 유전자를 이어받은 '활의 민족'이기 때문일 것이다. 우리의 무기에도 이런 놀라운 궁수의 능력이 있다. 바로 국방과학연구소가 개발한 '천궁(天弓)'이다. 천궁은 중거리 지대공유도 무기다. 즉 하늘을 통해 공격하는 적기와 적의 미사일을 찾아 반격하는 미사일을 말한다. 우리는 단거리 지대공유도 무기 '천마(天馬)'와 휴대용 지대공유도 무기인 '신궁(神弓)'에 이어 주요 방공유도 무기를 모두 국내에서 개발했다. 특히 이런 중장거리용 지대공 미사일 개발 능력을 가진 나라는 미국, 러시아, 프랑스, 일본, 이스라엘 정도가 유일하다. 중장거리 지대공 미사일을 가졌다는 건 우리 하늘을 우리 스스로 지킬 수 있다는 뜻이다. 2022년 1월 천궁-2가 중동에 수출돼 화제가 됐다. 이제 우리 방산 무기가 외국에 수출되는 건 놀라운 일은 아니지만, 그 금액은 가히 천문학적이다. UAE와 계약한 금액은 4조 2천억 원. 국내 방산 수출 사상 최대 규모다. 이 천궁을 만든 주인공은 누구인가? 바로 대덕연구개발특구에 있는 국방과학연구소다.

노후화된 나이키와 호크의 대안 '천궁'… 그리고 어부의 선물

하늘을 향해 솟구쳐 오르는 미사일, 그리고 잠시 멈추는가 싶더니 이내 방향을 틀어 몸부림을 치는 듯이 빠르게 날아간다. 마치 먹이를 앞에 둔 야생의 맹수처럼. 이게 바로 천궁의 모습이다.

대한민국의 국가대표 중거리 지대공 미사일 천궁 / 천궁 미사일 발사

출처- ADD

지난 1980년대 한국의 하늘을 지키는 방공유도 무기는 미군이 개발한 '호크'와 '나이키'였다. 1950년대부터 1960년대까지 미군이 만들어 운용한 이 무기들은 한국 공군도 실전 배치했지만 노후화가 심해 2000년대 초반부터는 포대 자체가 해체되는 수순을 밟았다. 노후화된 호크 및 나이키의 새로운 대안을 찾는 일을 국방과학연구소 연구진이 맡았다.

천궁 같은 중거리 방공유도 무기는 적을 찾는 감시와 추적 기술, 정확한 타격을 위한 지휘통제 등의 모든 기술이 잘 어우러져야 한다. 앞서 국방과학연구소는 단거리와 휴대용 유도 무기인 천마와 신궁을 개발한 바 있었던 만큼 이를 바탕으로 사거리를 크게 키운 중거리 지대공 유도 무기인 천궁의 개발을 계획했다. 하지만 개발 완료까지 모두 1조 원이 투입되는 초대형 사업으로 국방부는 예산도 예산이지만 미국의 도움 없이 우리가 독자적으로 이런 큰 기술을 개발할 수 있을지에 큰 부담을 느꼈고, 이 사업을 해야 할지를 놓고 1년이란 긴 시간 동안 논의를 거듭했다.

연구소는 2000년부터 5년간 연구 끝에 '천궁'을 완성했다. 기존 호크 미사일에 비해 훨씬 뛰어난 대전자전 능력, 미사일의 속도, 정확한 명중률 등을 모두 갖췄다. 또 하나의 레이더로 여러 표적을 한꺼번에 공격할 수 있는 능력이 있고 적은 인원으로도 운용할 수 있는 특징을 가졌다. 천궁은 처음에는 '철매'라는 이름으로 무기 개발 프로젝트를 진행하다 양산 체제에 들어가면서 천궁이란 이름이 붙었다. 천궁체계는 표적을 탐지 및 추적하는 다기능 레이더, 교전통제소, 발사대, 유도탄으로 구성돼 있다.

공군방공유도탄사격 대회에서의 천궁

출처- 국방홍보원

1998년부터 체계개념 연구와 탐색 개발을 통해 핵심 기술을 개발한 후, 2006년에 '철매-Ⅱ'라는 사업명으로 천궁의 체계 개발에 착수해 2011년 말 완료했다. 여기에서 연구진은 한 어부의 도움을 받은 걸 잊지 못한다.

연구소가 기술 개발 도중 가장 크게 고민했던 건 유도탄 발사 후 진행 방향을 바꾸는 방식이었다. 연구팀은 이를 결정하기 위해 천궁의 탐색 개발 단계에서 세 차례의 유도탄 사격시험을 시행했다. 2004년 4월부터 시행한 1차와 2차 사격시험은 모두 실패했다. 실패 원인이 아직 정확하게 규명되지 않았던 2005년 7월 초 어느 어부가 사격시험장 앞바다에서 유도탄 잔해물을 건져 올려 개발팀에 전달했다.

연구진이 분해한 후 추진기관을 살펴보자 연소관의 노즐 조립부 근처에서 구멍을 발견할 수 있었다. 1차 사격시험 후 연소관에 구멍이 나면 측추력이 발생해 유도탄 오작동이 생길 수 있다는 원인분석 결과를 뒷

받침하는 것이었다. 연구팀은 처음부터 다시 설계를 검토해 내열재에서 기포가 생겼고 이게 실패 원인이었다는 걸 확인했고 새로운 공법을 개발해 신뢰성을 향상시킬 수 있었다. 그리고 이를 토대로 14년간 진행해 온 대장정의 천궁 개발 사업을 무사히 마칠 수 있었다.

천궁, 하늘에서 눈을 뜬다

천궁만이 가진 몇 가지 특별한 점을 보자. 높은 명중률을 갖추기 위해서는 미사일의 기능만으로는 충분하지 않다. 미사일부터 레이더, 교전통제소까지 모든 시스템에 높은 수준의 기술이 필요한데, 가장 먼저 적기를 탐지하는 게 중요하다. 천궁은 다기능 레이더로 표적을 탐지하면서 정밀 추적을 시작한다.

천궁이 표적을 정확하게 요격하는 장면

출처- ADD

지금까지 사용했던 호크의 경우 5개의 레이더가 각기 다른 고도를 탐지하지만, 천궁은 단 1개의 레이더로도 수십 대의 적기와 미사일이 날아오는 것을 커버할 수 있다. 레이더가 적기를 탐지해 추적하면 교전통제소에서 명령을 내리는데 이때 통제소는 아군 비행기와 중복되지 않도록 교전상황을 판단해 미사일 발사를 명령한다. 발사 명령이 떨어지면 천궁은 발사대에서 일단 수직으로 오른 다음 적기를 향해 방향을 틀어 날아간다.

그리고 천궁 미사일이 적기에 가까이 가면 눈을 뜬다. 이때부터 탐색기가 작동하며 적기를 정확하게 포착하고 적기가 회피 기동을 하면 다시 측추력기가 작동해 방향을 바꾸지 않고도 적기를 따라잡는다. 즉 천궁의 레이더에 한 번 걸리면 적의 어떤 비행기나 미사일도 빠져나갈 수 없는 것이다. 천궁의 개발로 우리나라는 모든 주요 방공유도 무기를 스스로 개발한 몇 안 되는 나라가 됐다. 천궁은 우리의 하늘을 우리 무기로 지킨다는 의미가 크다. 그리고 UAE에 방산 역사상 최대금액인 4조 2천억 원이란 천문학적 거래를 성사시킴으로써 대한민국의 새로운 역사를 쓰고 있는 것이다.

대한민국 무기의 자랑, 천궁과 천마, 신궁

지대공 유도 무기는 적의 항공기, 순항유도탄, 탄도탄 등 하늘에서 공격해 오는 비행체를 지상에서 방어하는 유도 무기체계다. 비행장, 발전소, 주요 군사시설 및 부대 등 국가 주요 자산을 방어하는 방공작전에 지대공 유도 무기를 사용한다. 방공작전은 거리별, 고도별 중첩방어개념으로 운용한다. 적기를 요격할 때는 가능한 원거리에서 요격 및 격추함으로써 우리 영내에 진입하기 전에 미리 격파하는 것이 가장 효과적인 만큼 아군 지역으로 침투하는 비행체는 먼저 장거리 지대공 유도 무기가 탐지 및 추적해 격파한다. 장거리 지대공 유도 무기의 방어 영역을 통과한 적기는 방어자산에 근접 배치된 중거리 지대공 유도 무기, 단거리 지대공 유도 무기, 휴대용 지대공 유도 무기가 차례로 방어한다. 연구소에서 개발한 천궁, 천마, 신궁은 모두 지대공 유도 무기이며, 사거리에 따라 각 목적에 맞는 임무를 수행한다.

육군의 천마 실사격훈련

출처- 국방홍보원

　이렇게 한반도의 하늘을 지키는 3형제 유도 미사일이 있다. 바로 천궁
과 천마, 신궁이다. 천궁은 중거리·중고도 방어를 담당하는 중거리 지
대공 유도 무기이고 천마는 단거리 지대공 유도 무기로 최대 사거리는
10km 이내이며 저고도로 침투하는 적 항공기를 방어하는 운용개념에
따라 최대 고도는 5km 정도다.

　신궁은 병사가 직접 휴대할 수 있는 휴대용 지대공 유도 무기로 일반
적으로 사거리 5km, 고도 3km급이다. 연구소가 개발한 지대공 유도 무
기 중 가장 사거리가 짧고 무기체계 구성도 간단하다. 주로 보병부대를
방호하거나 중요 자산을 방어하기 위해 운용한다. 적 항공기 등을 병사
가 육안으로 탐지 및 식별한 뒤 유도탄의 앞부분에 장착된 적외선탐색
기가 표적을 추적할 수 있도록 발사대를 지향해야 하는 게 신궁의 특징
이다. 즉, 사람이 무기체계의 주요 구성요소 중 하나인 셈이다.

　　　　　　　　　　　　　　　작은 과학 마을 대덕의 반란

신궁의 발사 장면 / 병사들이 휴대용 대공 미사일 신궁을 운용하고 있다.

출처- 국방홍보원

먼 거리의 적기나 미사일 등의 비행체는 거리에 따라 천궁과 천마, 신궁이 각각 맡아 요격하게 되며 이들 3형제가 한반도의 하늘을 물 샐 틈 없이 지켜 주고 있다. 적의 공중 공격을 정확하게 막아 내는 3형제 미사일, 활을 잘 쏘았던 우리 민족이 스포츠 양궁으로 부활했듯이 전장에서는 대공 미사일로 국위를 한껏 드높이고 있다.

4) 위험한 전장은 내게 맡겨라. '네트워크 기반 다목적 견마 로봇'

누군가는 해야 할 일, 하지만 매우 위험한 일이라면? 누구나 로봇을 떠올릴 것이다. 전장에서도 마찬가지다. 인간을 대신하거나 보조하며 군사작전을 수행하는 지능형 로봇이 미래 전장에서 필승 카드로 개발되고 있다. 군사용 로봇은 기온차가 큰 야외 환경이나 폭탄이 터지는 가혹한 환경에서 주로 작동해야 하므로, 부품 내구성과 높은 신뢰성 기술을 필요로 한다. 특히 험준한 지형에서 이동해야 하므로 자율이동 기술에 대한 높은 수준의 연구가 필요하다.

실제 이런 군사용 로봇이 우리 군에도 보급돼 있다. 수준 높은 IT 기술을 가진 우리 군이 로봇군대를 만들었고 이는 세계적으로도 드문 일이다. 직접 전투에 참가하는 전투용 로봇과 지뢰제거 작업과 같은 위험한 일을 하는 로봇, 물품의 수송을 맡는 견마 로봇, 주변 경계 임무를 수행하는 감시경계 로봇 등으로 분류된다.

세계 최강의 군대를 가진 미국은 이미 군사용 로봇을 만들어 실제 전투에 투입했다. 2003년 걸프전 때 얘기다. 사막을 자유자재로 오가며 지뢰를 탐지하면서 사격까지 하는 로봇이 공상과학 영화가 아니라 실제 이라크와의 전쟁에 있었다. 사람은 총에 맞으면 사망하거나 다치지만, 로봇은 폭탄이 터진 게 아니라면 큰 이상이 없다. 게다가 어떤 방향이든 자유롭게 몸을 틀어 기관총을 발사할 수 있기 때문에 로봇은 작은 시가지 전투 등 특수한 형태의 지상전에서는 게임체인저가 될 수 있다. 이에 앞서 이미 1995년 미국은 감시정찰 로봇 기술을 개발해 실용화 단계에 진입한 상태였다. 미 육군은 앞으로 전투체계의 1/3에 해당하는 플랫폼을 무인화하겠다는 법적 야심 찬 목표를 세우고 있다.

무인전투의 꿈이 현실로…

말은 사람을 태우기도 하지만 예부터 짐을 싣고 멀리 가는 용도로 활용했다. 개는 예리한 후각을 바탕으로 적을 감시하거나 정찰하는 데 유리하다. 그래서일까? 우리 국방과학연구소가 개발하는 로봇도 견마(犬馬) 로봇이다. 말 그대로 개와 말처럼 달리는 로봇이다. 개는 적진으로

작은 과학 마을 대덕의 반란

달려서 물어뜯는 이미지이고 말은 무거운 짐을 지고 이동하는 이미지를 노린 작명일 것이다.

국방과학연구소가 개발한 견마 로봇

출처- ADD

2000년대 초 우리는 상대적으로 앞서 있는 ICT 기술을 토대로 지상 로봇을 개발할 경우 선진국을 압도할 수 있다는 자신감을 가졌다. 그래서 사업 총괄자인 국방과학연구소는 240여 명을 투입해 자율주행 기술을 개발했고, 전자통신연구소는 통신을 위한 원격제어 기술을 담당했으며 5개의 방산 기업과 12개의 로봇 관련 중소기업들이 뜻을 모아 견마 로봇 개발에 들어갔다. 그리고 2014년 견마 로봇의 시험제작에 성공했고 지금은 군에 배치돼 세계에서도 드문 로봇 군인이 우리 전선을 지키고 있다.

견마 로봇은 흔히 두 가지를 말한다. 우리나라의 경우 산업체가 개발하는 족(足)형 로봇이 있고 국방과학연구소가 개발하는 바퀴형, 일명 전차처럼 보이는 견마 로봇이 있다. 바퀴형 견마 로봇은 족형에 비해 대형화라는 장점이 있다. 즉 무기와 감시장비를 탑재할 수 있고 본체가 튼튼하기 때문에 얼마든지 임무장비의 중량을 늘릴 수도 있다.

견마 로봇의 쓰임새를 보자. 사람이 갈 수 없는 위험한 곳에 견마 로봇을 투입해 무인 감시 정찰 기능을 수행한다. 마이크로폰과 스피커가 장착돼 있어 상대가 사람인 경우 신분을 확인해 통과 여부를 결정한다. 또 비상시에는 기관총을 탑재해 적으로 판명될 경우 즉각 총격을 가할 수 있다. 또 시속 50km까지 움직일 수 있고 가파른 30도의 경사진 도로에서도 문제없이 다닐 수 있다. 또 도로의 상태가 좋지 않을 때도 시속 20~30km로 이동하면서 사격과 감시를 병행할 수 있다. 특히 적진 한복판에 뛰어드는 위험한 작전을 펼칠 수 있으며 아군을 엄호하는 기능도 맡길 수 있다. 또 6개 이상의 바퀴를 갖고 있기 때문에 만약 폭격으로 앞바퀴가 파손됐다면 다른 바퀴는 360도 회전할 수 있어 앞바퀴 역할을 한다. 이게 가능한 이유는 군 관제센터와의 유기적인 네트워킹 때문이다.

훈련장에서 늠름한 위용을 자랑하는 견마 로봇

출처- ADD

견마 로봇은 크게 로봇 본체와 원격통제장치, 무선통신장치로 구분되는데 GPS를 부착하고 네트워크 기반으로 구성돼 있어 위험하거나 특별한 돌발 상황에서도 즉시 제어가 가능하며 감시를 통해 얻은 정보를 즉시 관제센터에 전달한다. 물론 자율주행이 가능해 정해진 기동로나 시설에 대해 스스로 알아서 이동하거나 감시할 수 있고 최대 6km까지는 주위 도움 없이 혼자 움직일 수 있다. 전장에서 군인이 직접 투입되기 전에 현장을 파악하거나 지뢰를 제거하는 견마 로봇의 역할은 우리 피해를 줄이고 적 타격을 최대한 가하는 가장 효율적인 전투수단으로 볼수 있을 것이다.

만약 막 전투가 시작되기 전 50대의 견마 로봇을 풀어놓았다고 생각해 보자. 웬만한 소총으로는 로봇이 파괴되지 않는다. 이 로봇은 성난 들개처럼 여기저기 빠른 속도로 적진을 뛰어다니며 헤집고 사방을 향해 기관총을 쏘아댈 것이다. 물론 이 모든 과정은 원격 조종을 맡은 병사들이 후방에서 담당한다. 50대의 견마 로봇은 아마 500명의 보병 효과를 낼 것이다. 아니 그보다 더한 연대급 군사작전 혹은 전차부대의 역할을 할지 모른다.

적의 입장에서는 무시무시한 일, 마치 카르타고의 명장 한니발이 먼 에스파냐 땅을 출발해 피레네 산맥을 넘어 로마로 진격할 때 앞장세웠던 코끼리라고나 할까? 당시 로마병사들은 코끼리를 보고 마치 저승에서 온 괴물로 인식했다고 한다. 카르타고는 코끼리부대로 세계 최강 로마를 공포로 몰아넣었다. 전장에 출정했을 때 진흙과 눈, 비에 취약해 제대로 뭔가 할 수 없는 인간과 달리 자연환경에 맞춤형으로 만들 수도 있는 이 견마 로봇이 미래 전장에서 총아가 될 건 자명한 일이다.

견마 로봇은 어느 날 갑자기 뚝딱 나온 것이 아니다. 우리 국방과학연구소가 거의 20년에 걸친 연구로 기술을 획득했고 그 기술을 토대로 민간 업체가 사업화를 시도한 끝에 만들어 낸 걸작 무기로 꼽히고 있다.

미국 등 선진국들은 한국이 전투 로봇을 만들 때 비웃었다고 한다. '과연 너희가 할 수 있을까?'라고 말이다. 하지만 우리의 우수한 두뇌는 마침내 세계 최고 성능의 전투 로봇, 견마 로봇을 완성했다. 그리고 지금 세계는 우리를 부러운 눈으로 쳐다보고 있다.

작은 과학 마을 대덕의 반란

4장

대덕의 과학 백배 즐기기

대덕과 함께라면 지루하고 따분한 과학은 없다.
과학이 즐거워지고 유쾌해지며 친구가 된다.

✦ 대덕연구개발특구는 어떤 곳?

배치도

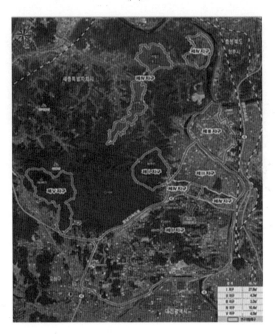

면적

지구	위치	면적
Ⅰ지구	대덕연구단지	27.8km²
Ⅱ지구	대덕테크노벨리	4.3km²
Ⅲ지구	대덕산업단지	3.2km²
Ⅳ지구	북부 그린벨트 지역	10.4km²
Ⅴ지구	국방과학연구소 일원	4km²

작은 과학 마을 대덕의 반란

범위	
대전광역시 유성구	죽동, 궁동, 어은동, 구성동, 노은동, 하기동, 수남동, 외삼동, 금고동, 신성동, 가정동, 도룡동, 장동, 방현동, 화암동, 덕진동, 자운동, 전민동, 문지동, 원촌동, 봉산동, 탑립동, 용산동, 관평동, 송강동, 대동, 금탄동, 신동, 둔곡동, 구룡동 일원
대전광역시 대덕구	문평동, 신일동 일원

2021년 현재 대덕연구개발특구에는 국가과학기술연구회 산하의 정부출연연구기관 25개 중 16개, 정부 및 국공립기관 24개, 기타 비영리기관 23개, 대학 7개, 기업 1,613개 등 1,705개 기관이 입주해 있다.

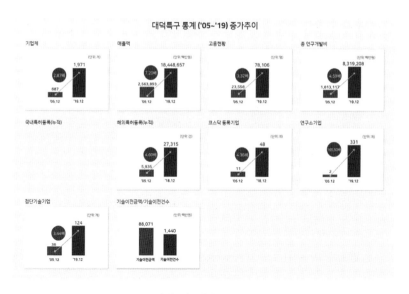

출처- 연구개발특구본부

입주기관 / 정부출연기관

　-국방과학연구소: http://www.add.re.kr/

　-기초과학연구원: https://www.ibs.re.kr

- 기초과학연구원 부설 국가수리과학연구소: https://www.nims.re.kr/

- 정보통신산업진흥원 부설 정보통신기술진흥센터: https://www.iitp.kr/

- 한국과학기술원 부설 나노종합기술원: https://www.nnfc.re.kr/

- 한국과학기술정보연구원: https://www.kisti.re.kr/

- 한국기계연구원: https://www.kimm.re.kr/

- 한국기초과학지원연구원: https://www.kbsi.re.kr/

- 한국산업기술시험원 중부지역본부: http://www.ktl.re.kr

- 한국생명공학연구원: https://www.kribb.re.kr/

- 한국에너지기술연구원: https://www.kier.re.kr/

- 한국연구재단: http://www.nrf.re.kr

- 한국원자력안전기술원: http://www.kins.re.kr

- 한국원자력연구원: https://www.kaeri.re.kr/

- 한국원자력통제기술원: https://www.kinac.re.kr

- 한국전자통신연구원: https://www.etri.re.kr

- 한국전자통신연구원 부설 국가보안기술연구소: https://www.nst.re.kr/
  nst/about/03_12.jsp

- 한국지질자원연구원: https://www.kigam.re.kr

- 한국천문연구원: https://www.kasi.re.kr

- 한국표준과학연구원: https://www.kriss.re.kr

- 한국한의학연구원: https://www.kiom.re.kr/

- 한국항공우주연구원: https://www.kari.re.kr/

- 한국해양과학기술원 부설 선박해양플랜트 연구소: http://www.kriso.
  re.kr/

- 한국화학연구원: https://www.krict.re.kr/

- 한국화학연구원 부설 안전성평가연구소: https://www.kitox.re.kr

- 한국핵융합에너지연구원: http://www.kfe.re.kr

작은 과학 마을 대덕의 반란

교육기관

- 과학기술연합대학원대학교(UST): https://www.ust.ac.kr/
- 대덕대학: http://www.ddu.ac.kr/
- 배재대학교: https://www.pcu.ac.kr/
- 충남대학교: http://plus.cnu.ac.kr/
- 한국과학기술원: https://www.kaist.ac.kr/
- 한남대학교: http://www.hannam.ac.kr/
- 한밭대학교: https://www.hanbat.ac.kr/

국공립연구기관

- 국립과학수사연구원 대전과학수사연구소: http://www.nfs.go.kr/site/nfs/06/10603050000002017090402.jsp
- 국립문화재연구소: http://www.nrich.go.kr/
- 대전광역시 보건환경연구원: https://www.daejeon.go.kr/hea/inde

기타연구기관

- (재)다차원스마트IT융합시스템연구단: http://ciss.re.kr/
- K-water 연구원: http://kiwe.kwater.or.kr/
- 교통안전공단 중부지역본부
- 대전교육과학연구원: http://desre.djsch.kr/
- 안전보건공단 산업안전보건연구원 산업화학연구실(화학물질독성연구실): https://oshri.kosha.or.kr/
- 한국건설생활환경시험연구원 대전충남지원: https://www.kcl.re.kr/site/homepage/menu/viewMenu?menuid=007001003003001
- 한국수력원자력(주) 중앙연구원: https://www.khnp.co.kr/central/main.office

-한국전력공사 전력연구원: https://www.kepri.re.kr:20808/index

-한국조폐공사 기술연구원: https://www.komsco.com/kor/contents/22

-한국토지주택공사 토지주택연구원: http://lhi.lh.or.kr/ ·

✦ 정부출연연구원 백배 즐기기

국립중앙과학관

　국립중앙과학관은 각종 과학기술 자료를 전시하고 있으며 상설전시관, 특별전시관, 야외전시관, 천체관, 사이언스홀, 자연학습원, 아마추어무선국, 생물탐험관 등이 있다. 청소년들에게 과학기술에 대한 흥미와 창의력을 키워 주는 과학기술의 장이다.

소재지: 유성구 대덕대로

문의처: 042-601-7894

홈페이지: http://www.science.go.kr/

작은 과학 마을 대덕의 반란

개방시간	09:30~17:50
휴무일	매주 월요일, 명절, 기타
입장료	시설 대관 시 대관비용 있음 사이트 참조: http://www.science.go.kr/
주차시설	대형2,000원 / 소형1,000원
이용시간	08:30~17:50 휴관 일과 운영시간 이후 18:00까지는 무료개방
부대 및 편의시설	전시관, 편의시설안내, 기념품점, 물품보관소, 주차장, 유아보호시설, 구내식당 및 매점,

한국과학기술원(KAIST)

국가가 필요로 하는 고급 과학기술 인력을 양성하고, 연구중심의 대학의 모델을 제공하기 위해 1971년에 설립되었다. 현재 KAIST는 세계 과학계의 존경받는 연구 대학의 일원이 되었다.

소재지: 유성구 대학로 291

문의처: 042-350-2114

홈페이지: http://www.kaist.ac.kr

개방시간	09:00~18:00 / 연중개방
이용 시간	홍보관 이용시간: 13:30~14:30, 15:00~16:00, 16:30~17:30

대전시민천문대

대전시민천문대는 일반 관람객을 대상으로 공개 관측을 실시하는 국내 최초의 시민천문대이다. 주 관측실에는 10인치 굴절 망원경이 설치되어 있으며, 특히 홍염 필터를 이용하여 태양 홍염의 모습을 선명하게 관찰할 수 있다. 주로 맑은 날 주간에는 태양 관측을, 야간에는 행성과 달, 성운, 성단 등 천체를 관측할 수 있다.

이외에도 천체투영관에서는 날씨와 관계없이 천체투영기를 이용한 가상의 별빛으로 별자리 강의를 들을 수 있으며, 기타 교육실과 전시실에서도 시청각 교재를 이용하여 다양한 천문학의 세계를 접할 수 있다.

소재지: 유성구 과학로 213-48

문의처: 042-863-8762, 3

홈페이지: https://djstar.kr/

이용 정보

개방시간	14:00~22:00
휴무일	공휴일, 명절, 기타 내용: 매주 월요일, 공휴일 다음 날
부대 및 편의시설	커피숍 등

지질박물관

국내 최초의 종합적인 지질전문박물관으로 2001년에 개관하였다. 1981년 '지질조사소'로 출발한 한국지질자원연구원은 현재에 이르기까지 지속적인 연구 사업의 성과로 각종 지질표본들을 축적해 왔다. 그러던 중, 대전 엑스포를 계기로 연구원 강당동 내에 소규모의 '지질표본관'을 설립하여 일반인들에게 공개하게 되었는데, 그 후 늘어나는 관람객의 요구와 체계적이고 종합적인 전문박물관 건립의 필요성이 대두

됨에 따라 개관하게 되었다. 이곳은 광물 2,200여 점, 암석 291점, 화석 1,231점으로 총 3,700점의 지질 표본을 보유하고 있다. 또한 영상물의 상영, 강연회 또는 체험학습의 장을 마련하고 있다. 지질과학의 대중화에 힘쓰고 있으며 지질시료동의 운영으로 전문가를 위한 표본 및 시추 코어의 보관 시스템도 구축하고 있다.

소재지: 유성구 과학로 124

문의처: 042-868-3797

홈페이지: http://museum.kigam.re.kr

이용 정보

개방시간	10:00~17:00
휴무일	공휴일, 명절, 기타 내용: 법정 휴일 다음 날, 매주 월요일
주차시설	무료
부대 및 편의시설	영상실, 어린이도서실

화폐박물관

작은 과학 마을 대덕의 반란

1988년에 개관한 우리나라 최초의 화폐전문박물관으로 한국조폐공사가 공익적 목적의 비영리 문화 사업으로 운영하여 국민에게 무료로 개방하고 있다. 우리나라 및 해외 화폐와 유가증권류를 포함한 역사적 사료를 체계적으로 정리, 전시하여 국민들의 화폐에 대한 올바른 인식에 도움을 주고 화폐문화에 기여함을 목적으로 만들어졌다. 2층 건물로 4개의 상설전시실을 갖추고 있으며 12만여 점의 화폐 자료 중 4,000여 점이 시대별, 종류별로 전시되어 있어 우리나라 화폐 천 년의 역사를 한눈에 볼 수 있는 곳이다. 매주 월요일, 1월 1일, 설날 연휴, 추석 연휴, 정부지정 임시공휴일에는 휴관이다. 1층에는 주화역사관인 제1전시실과 특별전시실, 세미나실, 1수장고가 있고 2층에는 지폐역사관인 제2전시실, 위조방지홍보관인 제3전시실, 특수제품관인 제4전시실과 2수장고가 있다.

소재지: 유성구 과학로 80-67

문의처: 042-870-1200

홈페이지: http://museum.komsco.com

이용 정보

개방시간	10:00~17:00
휴무일	공휴일, 명절, 기타 매주 월요일
주차시설	무료

참고자료

【문헌】

- 『48년 후 이 아이는 우리나라 최초의 인공위성을 쏘아 올립니다』 최순달, 좋은 책 행간풍경, 2005.
- 『다목적실용위성 1호 개발사업 백서』 2001.
- 『다목적실용위성 2호 개발 백서』 2009.
- 『우주강국으로 가는 디딤돌 나로호 개발백서』 2014.
- 『빅브라더를 향한 우주전쟁』 강진원, 지식과감성, 2013.
- 『우주의 문은 그냥 열리지 않았다』 강진원, 노형일, 렛츠북, 2019.
- 『우주 쓰레기가 온다』 최은정, 갈매나무, 2021.
- 국토부, 국토연자2006-4, 대덕연구개발특구 개발계획 자문연구
- 『나는 그때 있었다』 홍용식

【홈페이지와 보도자료 인용】

- 한국표준과학연구원
- 한국원자력연구원
- 카이스트
- 쎄트렉아이
- 한국항공우주연구원
- 한국국방과학연구원
- 한국전자통신연구원
- 한국과학기술정보연구원
- 한국화학연구원

작은 과학 마을 대덕의 반란

- 기초과학연구원
- 한국핵융합에너지연구원
- 한국에너지기술연구원
- 한국기계연구원
- 한국천문연구원
- 한국생명공학연구원
- NASA, JAXA, ESA, CNSA
- 한국지능정보사회진흥원 홈페이지
- 대전광역시
- 연구개발특구본부

한국표준과학연구원의 아름다운 사계

【1~3월】

작은 과학 마을 대덕의 반란

【4~6월】

【7~9월】

【10~12월】

작은 과학 마을 대덕의 반란

초판 1쇄 발행 2022년 06월 01일

지은이 강진원
펴낸이 류태연
편집 김수현 **| 디자인** 김민지

펴낸곳 렛츠북
주소 서울시 마포구 양화로11길 42, 3층(서교동)
등록 2015년 05월 15일 제2018-000065호
전화 070-4786-4823 **팩스** 070-7610-2823
이메일 letsbook2@naver.com **홈페이지** http://www.letsbook21.co.kr
블로그 https://blog.naver.com/letsbook2 **인스타그램** @letsbook2

ISBN 979-11-6054-550-0 12400

※ 이 책은 관훈클럽정신영기금의 도움을 받아 저술출판되었습니다.